农村科技口袋书

水生蔬菜丰产新技术

中国农村技术开发中心 编著

中国农业科学技术出版社

图书在版编目（CIP）数据

水生蔬菜丰产新技术 / 中国农村技术开发中心编著. ——
北京：中国农业科学技术出版社，2015.11
　ISBN978-7-5116-2361-4

　Ⅰ.①水… Ⅱ.①中… Ⅲ.①水生蔬菜—蔬菜园艺
Ⅳ.① S645

中国版本图书馆 CIP 数据核字（2015）第 267009 号

责任编辑　史咏竹　李　雪
责任校对　马广洋

出　　版　中国农业科学技术出版社
　　　　　北京市中关村南大街 12 号　　邮编：100081
电　　话　（010）82105169　82109707（编辑室）
　　　　　（010）82109702（发行部）　（010）82109709（读者服务部）
传　　真　（010）82109707
网　　址　http://www.castp.cn
经　　销　各地新华书店
印　　刷　北京富泰印刷有限责任公司
开　　本　880 mm×1230 mm　1/64
印　　张　4.0625
字　　数　131 千字
版　　次　2015 年 11 月第 1 版　2015 年 11 月第 1 次印刷
定　　价　9.80 元

《水生蔬菜丰产新技术》

编 委 会

编写人员

主　编： 柯卫东　王振忠　董　文

副主编： 王清章　戴炳业　刘义满　王彦波
　　　　　何建军　李建洪　李　峰　黄新芳

编　者：（按姓氏笔画排序）

尹渝来　牛长缨　王永模　王利平
王　芸　王彦波　王凌云　王振忠
王清章　刘义满　刘正位　刘玉平
刘　洪　刘独臣　孙亚林　朱红莲
朱　芬　江　文　闵志强　严守雷
何建军　匡　晶　吴仁峰　吴景栋
张尚法　张敬泽　李双梅　李良俊
李建洪　李明华　李　洁　李　峰
李雪刚　杨良波　沈学根　陈丽娟
陈学玲　陈建明　陈虎根　周　凯
郑寨生　郑　露　柯卫东　钟　兰
徐得泽　徐金星　郭得平　曹崇江
梁志怀　符长焕　黄来春　黄国华
黄建中　黄新芳　彭　静　程立宝
董　文　董红霞　谢克强　鲍忠洲
滕年军　戴炳业　魏英辉

前　言

　　为了充分发挥科技服务农业生产一线的作用，将先进适用的农业科技新技术及时有效地送到田间地头，更好地使"科技兴农"落到实处，中国农村技术开发中心在深入生产一线和专家座谈的基础上，紧紧围绕当前农业生产对先进适用技术的迫切需求，立足"国家科技支撑计划"等产生的最新科技成果，组织专家力量，精心编印了小巧轻便、便于携带、通俗实用的"农村科技口袋书"丛书。丛书筛选凝练了"国家科技支撑计划"农业项目实施取得的新技术，旨在方便广大科技特派员、种养大户、专业合作社和农民等利用现代农业科学知识，发展现代农业、增收致富和促进农业增产增效，为加快社会主义新农村建设和保证国家粮食安全做出贡献。

1

"农村科技口袋书"由来自农业生产、科研一线的专家、学者和科技管理人员共同编制，围绕着关系国计民生的重要农业生产领域，按年度开发形成系列丛书。书中所收录的技术均为新技术，成熟、实用、易操作、见效快，既能满足广大农民和科技特派员的需求，也有助于家庭农场、现代职业农民、种植养殖大户解决生产实际问题。

　　在丛书编制过程中，我们力求将复杂技术通俗化、图文化、公式化，并在不影响阅读的情况下，将书设计成口袋大小，既方便携带，又简洁实用，便于农民朋友随时随地查阅。但由于水平有限，不足之处在所难免，恳请批评指正。

编　者

2015 年 11 月

目 录

第一章　水生蔬菜新品种

第二章　水生蔬菜轻简化栽培技术与新模式

第三章　病虫草害防治技术

第四章　保鲜加工技术

第一章

水生蔬菜新品种

鄂莲 6 号莲藕

品种来源

武汉市蔬菜科学研究所选育。以鄂莲 4 号为母本、"8143"莲藕为父本杂交选育而成，2008 年通过湖北省品种审定委员会审（认）定，品种审定编号为鄂审菜 2008006。

特征特性

早中熟。株高 160～180 厘米。叶片半径 36 厘米左右，表面光滑。花白色。单支整藕质量 3.5～4.0 千克，主藕质量 2.6 千克，一般主藕节间数 5～7 节，主藕长度 90～110 厘米。藕节间形状为短筒形，表皮颜色为黄白色，节间均匀，入泥浅。一般 9 月下旬以后收枯荷藕，每 667 平方米产量 2 000～2 500 千克。宜炒食。

适宜地区

长江中下游及其以南地区。

注意事项

该品种开花结实较多，生产中应注意在花期及时打花打果，并避免损伤藕鞭。

鄂莲 6 号莲藕

鄂莲 6 号大田种植

鄂莲 7 号莲藕

品种来源

武汉市蔬菜科学研究所选育。以鄂莲 5 号为亲本自交选育而成，2009 年通过湖北省品种审定委员会审（认）定，品种审定编号为鄂审菜 2009005。

特征特性

早熟。株高 110～130 厘米。叶片半径 28～32 厘米，表面粗糙。花白色。藕入泥浅，易采挖。一般枯荷藕单支整藕质量 2.5 千克左右，主藕质量 1.6 千克左右，主藕节间数 5～7 节，藕表皮颜色黄白色，光滑，藕头形状圆钝，主藕节间形状短圆筒形，藕肉厚实。7 月上中旬采收青荷藕，每 667 平方米产量 1 000 千克，9 月上旬以后收枯荷藕，每 667 平方米产量 2 000 千克。炒食、煨汤皆宜。适于早熟栽培，尤其适于保护地种植。

适宜地区

黄河流域及其以南地区。

注意事项

宜选择土壤肥沃的浅水田种植；因熟性早，长势弱，生产上应适当密植。

鄂莲 7 号莲藕

鄂莲 7 号大棚种植

鄂莲 8 号莲藕

品种来源

武汉市蔬菜科学研究所选育。从应城白莲实生苗后代中选择优良单株而育成，2012 年通过湖北省品种审定委员会审（认）定，品种审定编号为鄂审菜 2012001。

特征特性

晚熟，生长势强，植株高大，株高 180～200 厘米，叶片半径 42 厘米左右，表面粗糙。单支整藕质量 3.0～4.0 千克，主藕质量 2.5 千克左右，主藕节间数 5～6 节，主藕长度 90～110 厘米，藕表皮颜色白色，主藕节间形状筒形，商品性好。枯荷藕每 667 平方米产量 2 200 千克左右。煨汤粉。该品种也可作为采收藕带的优良品种，其藕带粗、白、脆、嫩。

适宜地区

长江中下游及其以南地区。

注意事项

开花较多，生产过程中应注意及时打花打果；该品种晚熟，生长期长，须施足底肥。

鄂莲 8 号莲藕

鄂莲 8 号藕带

鄂莲 9 号（"巨无霸"）莲藕

品种来源

武汉市蔬菜科学研究所选育。以 8135-1 莲藕为亲本自交选育而成，2015 年通过湖北省品种审定委员会审（认）定，品种审定编号为鄂审菜 2015009。

特征特性

早中熟。株高 180 厘米左右，叶片半径 43 厘米左右，叶片表面粗糙。花白色。主藕长度 97 厘米，整藕质量 3.9 千克，主藕质量 2.4 千克，子藕粗大。主藕节间数 5～7 节，藕表皮颜色黄白色，主藕节间形状中短圆筒形。每 667 平方米枯荷藕产量 2 500～3 000 千克。该品种具有产量高、商品性好等特点。熟食粉脆中等。

适宜地区

黄河流域及其以南地区。

注意事项

因该品种开花结子较多，为避免造成生物学混杂，生产过程中应注意及时打花打果。由于叶片大，大风易造成叶片损坏折断，所以种植时宜避开风口田块。

鄂莲 9 号莲藕

鄂莲 9 号大田种植

东河早藕

品种来源

浙江省义乌市东河田藕专业合作社、浙江省金华市农业科学研究院等单位共同选育。以金华白莲早熟优良单株为原始材料系统选育而成，2010年通过浙江省品种审定，品种审定编号为浙（非）审蔬2010013。

特征特性

特早熟，一年两熟。株高约110厘米，叶片半径约33.5厘米，花白爪红色。

青荷藕子藕少，主藕长约51厘米，2～3节，长筒形，表皮白而光滑，肉质甜脆，适宜炒食或生食；6月上中旬采挖，每667平方米产量750～1 000千克。枯荷藕子藕1～2支，主藕长62厘米左右，3～4节，长筒形，皮色淡黄色，质粉，适宜炒食或煨汤；9月中下旬以后采挖，每667平方米产量2 000～2 100千克。

适宜地区

长江中下游地区。

注意事项

气温稳定在13℃以上时定植；适于保护地促早栽培。

东河早藕青荷藕

东河早藕大棚栽培

脆秀莲藕

品种来源

扬州大学选育。以莲藕zonhua为母本、XSHZ为父本杂交选育而成，2012年通过江苏省农作物品种审定委员会鉴定，品种鉴定编号为苏鉴莲藕201201。

特征特性

早中熟。株高170～180厘米，藕身长圆筒形，上有明显凹槽；皮米白色，叶芽紫红色。肉质较细。藕段长16～37厘米，藕段粗5.5～6.0厘米，粗细较均匀，藕身后把节粗5～6厘米，长25～35厘米，主藕3～5节。总淀粉含量13.20%，直链淀粉含量高，直链淀粉/总淀粉值0.31，脆质，品质较好。一般于4月下旬种植，7月下旬采收青荷藕；在江苏省及气候相似地区也适宜于2月中下旬在塑料大棚等设施种植，6月中下旬采收，每667平方米产1 120千克。露地栽培每667平方米产1 800千克左右。适于作蔬菜鲜食和加工盐渍、速冻等莲藕制品。

适宜地区

长江中下游地区露地或设施早熟栽培。

注意事项

该品种栽培时，需要土壤软烂、深厚，有机基肥充足。

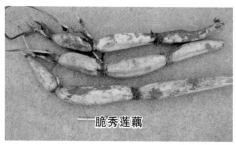

——脆秀莲藕

脆秀青荷藕采收

鄂子莲 1 号（"满天星"）子莲

品种来源

武汉市蔬菜科学研究所选育。以建选 17 号为母本、太空莲 3 号为父本杂交选育而成，2015 年通过湖北省品种审定委员会审（认）定，品种审定编号为鄂审菜 2015010。

特征特性

株高 166 厘米，叶片半径 36.3 厘米。花型单瓣，花色粉红色，花托（莲蓬）扁圆形，着粒较密，平均心皮数 32 ～ 35 个，结实率 77.1%。鲜果实绿色，卵圆形，单粒重 4.2 克，长 2.4 厘米，宽 1.9 厘米，鲜食味甜。花期 6 月上旬至 9 月下旬。每 667 平方米莲蓬数 4 500 ～ 5 000 个，产鲜莲子 360 ～ 400 千克，或铁莲子 180 ～ 200 千克，或干通心莲 95 ～ 110 千克。

适宜地区

黄河流域及其以南地区。

注意事项

该品种成熟时莲蓬较重，若耕作层太浅，花柄（果柄）易倒伏，因此，土壤耕作层宜在 30 厘米以上，果实成熟后应及时采摘。适当密植，一般每 667 平方米用种 150 支。

鄂子莲 1 号莲蓬

鄂子莲 1 号大田生长情况

太空莲 36 号子莲

品种来源

江西省广昌县白莲科学研究所选育。以赣莲 86-5-3 种子为材料，经航天搭载空间诱变选育而成，2011 年通过了江西省品种审定委员会审（认）定，品种认定编号为赣认莲 2011001。

特征特性

早熟。株高 100～120 厘米，叶片半径 20 厘米左右，表面光滑。叶上花，花单瓣，红色，每 667 平方米开花量 7 000 朵左右。莲蓬蓬面平或稍凸，每蓬实粒数 13～20 粒。莲子椭圆形，结实率 85%～90%，干通芯莲千粒重 1 050 克。移栽期 4 月上旬，5 月中下旬始花，终花期 9 月中旬，采摘期 115～125 天，每 667 平方米产干通芯莲 95～120 千克。品质优，宜田栽或湖塘栽。

适宜地区

黄河流域及其以南地区。

注意事项

该品种开花数量多，花期长，栽培管理上应注意早施始花肥、重施花蓬肥，8月中旬补施后劲肥。

太空莲36号莲蓬

太空莲36号大田种植

星空牡丹子莲

品种来源

江西省广昌县白莲科学研究所选育。以杂交育种单株979501为母本、太空莲2号为父本杂交选育而成，2011年通过了江西省品种委员会审（认）定，品种认定编号为赣认莲2011003。

特征特性

中早熟。株高140～160厘米，叶片半径25厘米左右。花重瓣，粉红色，每667平方米开花量5 000朵左右。莲蓬扁圆形，每蓬实粒数15粒，结实率75%左右，千粒重1 810克。移栽期4月上旬，5月中下旬始花，终花期9月中旬，群体花期100～110天。每667平方米产量产干通芯白莲70～80千克。

适宜地区

黄河流域及其以南地区。

注意事项

该品种结实率不高，栽培管理上，应加强田间授粉，有条件地方可放养蜜蜂。

星空牡丹子莲莲蓬

星空牡丹子莲大田生长情况

建选 17 号子莲

品种来源

福建省建宁县莲籽科学研究所选育。以红花建莲×寸三莲 65 后代优株为母本、太空莲 2 号为父本杂交选育而成，2003 年通过福建省农作物品种审定委员会认定，品种认定编号为闽认菜 2003013。

特征特性

株高 75～145 厘米。叶片半径 23～38 厘米。花色白爪红，单瓣。莲蓬扁圆形、直径 11～16 厘米，着粒密。心皮数平均约 25 枚，结实率 80% 左右，单粒鲜重约 4.0 克，果形指数 1.29 左右。全生育期 205 天左右、有效花期 105 天左右、采收期 110 天左右。每 667 平方米莲蓬数 3 500 蓬左右、鲜莲产量 260～340 千克、铁莲产量 117～155 千克、干通心莲产量 65～85 千克。长势和抗病性强。

适宜地区

黄河流域及其以南地区。

注意事项

宜选避风向阳的深脚田种植，适当稀植并增加追肥数量和次数。

建选 17 号花

建选 17 号莲蓬

建选 35 号子莲

品种来源

福建省建宁县莲籽科学研究所选育。以红花建莲为母本、太空莲 20 号×红花建莲后代优株为父本杂交选育而成，2011 年通过福建省农作物品种审定委员会认定，品种认定编号为闽认菜2011023。

特征特性

株高 70～160 厘米，叶片半径 21～35 厘米。花红色，单瓣。莲蓬扁圆形，直径 12～17 厘米，着粒密度中等。心皮数平均约 28 枚，结实率 75% 左右，单粒鲜重约 4.2 克，果形指数 1.21 左右。全生育期 220 天左右，有效花期和采收期均为 120 天左右。每 667 平方米莲蓬数 3 800 蓬左右，鲜莲产量 280～360 千克，铁莲产量 126～162千克，干通心莲产量 70～90 千克。长势和抗病性较强。

适宜地区

黄河流域及其以南地区。

注意事项

宜选向阳的深脚田种植，适当增加追肥数量和次数。

建选 35 号花

建选 35 号莲蓬

建选 31 号子莲

品种来源

福建省建宁县莲籽科学研究所选育。以 0502 子莲为母本、建选 17 号为父本杂交选育而成，2015 年已提请福建省农作物品种审定委员会进行品种认定。

特征特性

株高 78～175 厘米，叶片半径 24～36 厘米。花色白爪红、单瓣。莲蓬直径 11～21 厘米，着粒较密。心皮数平均约 32 枚，结实率 67.8% 左右，单粒鲜重约 4.4 克，果形指数 1.23 左右。全生育期 240 天左右、有效花期和采收期均为 120 天左右。每 667 平方米莲蓬数 3 500 蓬左右、鲜莲产量 300～380 千克、铁莲产量 135～170 千克、干通心莲产量 75～95 千克。长势和抗病性强。

适宜地区

黄河流域及其以南地区。

注意事项

宜选避风向阳的深脚田种植，适当增加追肥数量和次数。

建选 31 号花

建选 31 号莲蓬

金芙蓉 1 号子莲

品种来源

浙江省金华市农业科学研究院、浙江省武义县柳城镇农业综合服务站等单位共同选育。以"湘芙蓉"为母本，以太空莲 3 号为父本杂交选育而成，2009 年通过浙江省品种审定，审定编号为浙（非）审蔬 20090018。

特征特性

早熟。株高约 112 厘米，矮小，叶片半径约为 27.5～32.5 厘米。叶上花，花茎平均比立叶长 15～35 厘米；定植后约 60 天始花；花玫红色、碗状、重瓣。每 667 平方米莲蓬数约 5 300 个，每只莲蓬平均实粒数 21.6 个，成熟莲子呈短圆柱形，纵径约 2.3 厘米、横径约 1.9 厘米，鲜籽百粒重约 320 克，鲜食甜脆。采收期 7 月上旬到 9 月下旬，每 667 平方米鲜莲子产量约 300 千克，折合通芯干莲子产量约 80 千克。

适宜地区

长江中下游及其以南地区。

注意事项

气温稳定在 15℃ 以上定植为宜；每 667 平方米种植种藕 150～200 支；摘除第一朵花，促进植株营养生长。

金芙蓉 1 号莲蓬

金芙蓉 1 号大田生长情况

鄂茭 3 号茭白

品种来源

武汉市蔬菜科学研究所选育。从湖北省茭白地方品种古夫茭变异后代中选育而成，2011 年通过湖北省农作物品种审定委员会审（认）定，品种审定编号为鄂审菜 2011005。

特征特性

单季茭，晚熟，秋茭株高 225 厘米，秋茭肉质茎形状竹笋形，表皮光滑，白色，肉质致密，冬孢子堆少或无。秋茭肉质茎长度 21.0 厘米，粗度 3.5 厘米，单个壳茭质量 100 克，单个肉质茎质量 78 克，单株有效分蘖数 9.5 个，武汉地区一般秋茭采收始期 10 月 18 日到 20 日，采收盛期 10 月 20 日到 11 月 3 日，采收末期 11 月 7 日。每 667 平方米壳茭产量 1 100～1 200 千克。

适宜地区

长江中下游地区。

注意事项

生育期较长，注意增施孕茭肥，及时拔除老叶，增加通风透光。

鄂茭 3 号肉质茎

鄂茭 3 号采收

金茭 1 号茭白

品种来源

浙江省磐安县农业局、浙江省金华市农业科学研究院共同选育。以磐安地方品种的优良变异单株为原始材料经系统选育而成，2007 年通过浙江省品种认定，品种认定编号为浙认蔬 2007007。

特征特性

单季茭白，早中熟。植株较紧凑，株高约 253 厘米，叶鞘长 53～63 厘米，叶鞘浅绿色覆浅紫色条纹。每墩有效分蘖 3.4～5.2 个。单个壳茭质量 125 克，肉质茎 4 节，长 20～22 厘米，宽 3～4 厘米，隐芽无色，表皮光滑白嫩。在浙江省海拔 500 米左右山地种植，8 月上旬到 9 月下旬采收，每 667 平方米产量 1 200～1 400 千克。耐肥性中等，抗病性较强。

适宜地区

长江中下游地区。

注意事项

适宜在海拔 500～700 米山垄田种植，每667 平方米种植 1 500～1 800 墩。

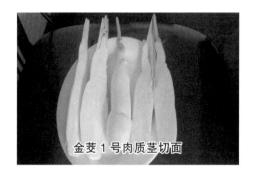

金荞 1 号肉质茎切面

金荞 1 号连片基地

浙茭 3 号茭白

品种来源

浙江省金华市农业科学研究院选育。以浙茭 2 号夏茭成熟期推迟的变异单株为原始材料，经系统选育而成，2013 年通过浙江省品种审定，品种审定编号为浙（非）审蔬 2013011。

特征特性

双季茭白，夏季迟熟秋季早熟，孕茭适温 18～28℃。秋季平均株高 197 厘米，夏季平均株高 182 厘米，叶鞘浅绿色间浅紫色条纹。单个壳茭质量约 110 克，肉质茎膨大 3～5 节，多 4 节，隐芽白色，表皮光滑洁白，肉质细嫩。秋茭 10 月中下旬至 11 月中旬采收，每 667 平方米产量约 1 300 千克；夏茭 5 月中旬至 6 月中旬采收，每 667 平方米产量约 2 200 千克。田间表现抗性较强。

适宜地区

长江中下游地区。

注意事项

采用二段育苗，7月上中旬移栽；夏季在冷水资源丰富的区域种植，可以延迟采收，提高产量，改善品质。

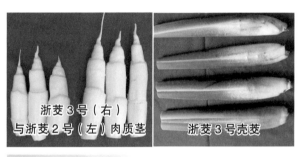

浙茭3号（右）
与浙茭2号（左）肉质茎

浙茭3号壳茭

浙茭3号大田生长情况

浙茭 6 号茭白

品种来源

浙江省嵊州市农业科学研究所、浙江省金华市水生蔬菜科技创新服务中心共同选育。以浙茭 2 号优良变异单株为原始材料，经系统选育而成，2012 年通过浙江省品种审定，品种审定编号为浙（非）审蔬 2012009。

特征特性

双季茭白，夏季中熟秋季迟熟，孕茭适温 16～20℃。秋季平均株高 208 厘米，夏季平均株高 184 厘米，叶鞘浅绿色间浅紫色条纹，长 47～49 厘米。单个壳茭质量 116 克，肉质茎长 18.4 厘米，粗 4.1 厘米，膨大 3～5 节，隐芽白色，表皮光滑，肉质细嫩。秋茭 10 月下旬到 11 月下旬采收，每 667 平方米产量约 1 500 千克。夏茭大棚栽培 5 月中旬到 6 月中旬采收，每 667 平方米产量约 2 500 千克。田间表现抗性较强。

适宜地区

长江中下游地区。

注意事项

孕茭期慎用杀菌剂。

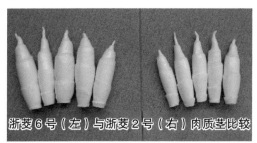

浙茭6号（左）与浙茭2号（右）肉质茎比较

浙茭6号大田生长情况

龙茭 2 号茭白

品种来源

浙江省桐乡市农业技术推广服务中心、浙江省农业科学院植物保护与微生物研究所等单位共同选育。以梭子茭优良变异单株选育而成，2008年通过浙江省非主要农作物品种认定委员会认定，品种认定编号为浙认蔬 2008024。

特征特性

双季茭，夏茭中熟、秋茭特晚熟。株高170～180厘米，肉质茎 4～5 节，以 4 节居多，长 20～22 厘米。秋茭 10 月底至 12 月初采收，单个壳茭重 140 克，单个肉质茎质量 95 克，每667 平方米产量 1 556 千克。夏茭 5 月上中旬至 6月中旬采收，壳茭重 150 克，肉茭重 110 克，每667 平方米产量 2 986 千克。

适宜地区

长江中下游地区。

注意事项

秋茭采收中后期补施少量复合肥，以保证采收期和翌年夏茭生长。

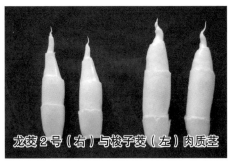

龙茭2号（右）与梭子茭（左）肉质茎

龙茭2号大田生长情况

崇茭 1 号茭白

品种来源

杭州市余杭区崇贤街道农业中心、浙江大学、杭州市余杭区种子管理站共同选育。从梭子茭变异株系选育而成，2012 年通过浙江省非主要农作物品种审定委员会审定，品种审定编号为浙（非）审蔬 2012011。

特征特性

双季茭类型。晚熟。秋茭 10 月底至 12 月中旬采收。秋茭株高 190 厘米左右，最大叶 139.3 厘米×4.8 厘米，每墩有效分蘖 18 个。秋茭单个壳茭重 123.5 克、长 23.3 厘米、粗 4.4 厘米。夏茭株高 180 厘米左右，最大叶 129.4 厘米×4.1 厘米。夏茭 5～6 月采收。肉质茎通常 4 节，隐芽白色，表皮色白光滑、肉质细嫩。秋茭每 667 平方米产量 1 600 千克左右，夏茭每 667 平方米产量 3 100 千克左右。抗病性较强。较耐低温。

适宜地区

长江中下游地区。

注意事项

该品种长势强，分蘖力强。每年要进行提纯复壮，及时去除雄茭和灰茭。每 667 平方米栽 800 墩左右。

崇茭 1 号

崇茭 1 号大田种植

鄂芋 1 号芋头

品种来源

武汉市蔬菜科学研究所选育。以走马羊红禾芋为亲本，通过单株选择法选育而成，2010年通过湖北省农作物品种审定委员会（审）认定，品种审定编号为鄂审菜2010006。

特征特性

多子芋类型，早中熟。叶柄紫黑色，株高100～130厘米，叶片长度50～56厘米，叶片宽度39～45厘米。单株母芋1个，母芋芽色白色，母芋肉颜色白色。子孙芋卵圆形，芋形整齐，棕毛少，子孙芋25个左右，单个子芋质量50～70克，单个孙芋质量32～42克，合计单株子孙芋质量1.4千克左右。一般每667平方米8月可采收青禾子孙芋1 200千克左右，10月下旬采收老熟子孙芋2 200～2 500千克。

适宜地区

长江中下游及其以南地区。

注意事项

旱栽时，田间要保持湿润。水栽时，前期和中期保持浅水，后期放干田水。

鄂芋1号植株

鄂芋1号球茎

鄂芋 2 号芋头

品种来源

武汉市蔬菜科学研究所选育。以井冈山芋头为亲本，通过单株选择法选育而成，2014 年通过湖北省农作物品种审定委员会（审）认定，品种审定编号为鄂审菜 2014007。

特征特性

多子芋类型，晚熟。叶柄乌绿色，株高 120厘米左右，生长势较强。叶片长度 55 厘米左右，叶片宽度 40 厘米左右。单株母芋 1 个，母芋芽色淡红色，母芋肉白色。子孙芋卵圆形，芋形整齐，棕毛少。单株子芋数量 7 个左右，子芋平均质量 80 克左右，单株孙芋数量 8 ～ 10 个，孙芋平均质量 38 克左右，合计单株子孙芋质量 900 克左右。一般每 667 平方米子孙芋产量 1 800 千克左右。耐旱性较强。

适宜地区

长江中下游及其以南地区。

注意事项

鄂芋 2 号生长期长，熟性晚，应加强肥水管理。若肥水不足，会导致芋头产量偏低，子孙芋形状变得细长，商品性变差。

鄂芋 2 号植株

鄂芋 2 号球茎

川魁芋 1 号芋头

品种来源

四川省农业科学院园艺研究所选育。通过彭山地方品种红杆芋变异材料系选获得，2012 年通过四川省农作物品种委员会审定，品种审定编号为川审蔬 2012014。

特征特性

魁子兼用芋类型，晚熟，植株生长势强，根系发达，生育期 200 天左右，叶色浅绿，叶柄紫红色。母芋肉色洁白，纤维少，品质细腻，淀粉含量高，口感软、糯、面。单株平均产量为 1.0 千克以上。3 月至 4 月上旬播种，每 667 平方米种植 2 000 ~ 2 500 株，10 月下旬始收，每 667 平方米产量 2 000 ~ 2 500 千克。

适宜地区

四川地区春季露地栽培。

注意事项

该品种株型较大，生产中可根据地力条件适当稀植。

川魁芋 1 号球茎

川魁芋 1 号大田生长情况

桂芋 2 号芋头

品种来源

广西壮族自治区农业科学院生物技术研究所选育。从桂芋 1 号组培后代大田芽变单株筛选培育而成，2014 年通过广西品种审定，品种审定编号为桂审蔬 2014052 号。

特征特性

属魁芋类型，全生育期 240～260 天，晚熟；株高 130～170 厘米。叶片阔大盾状心形，叶面中心有紫红色斑，叶背淡绿有微蜡，叶脉淡红色。母芋球茎如卵形或椭圆形，单球重 1.2～2.5 千克，最大达 3.5 千克，母芋与子芋有明显的细长匍匐茎连接，每株子芋 3～8 个，孙芋 3～6 个，子芋如棒槌状，母芋切面有明显紫色花纹。每 667平方米水田产量 2 500～3 800 千克，旱地产量 2 200～3 000 千克，母芋产量占总产量的 80% 左右。品质优，口感细腻，香味浓郁，菜粮兼宜。抗逆性较强，较抗芋疫病，水田旱地兼宜。

适宜地区

广西壮族自治区及其周边地区。

注意事项

适合于芋产区土壤 pH 值 6～7、土质疏松肥沃的沙壤土和具备灌溉设施的旱地栽培。桂芋2号为晚熟品种，生育期长，应在清明前起垄盖膜种植。

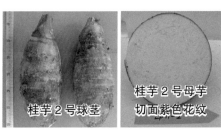

桂芋2号球茎

桂芋2号母芋切面紫色花纹

桂芋2号大田生长情况

金华红芽芋

品种来源

浙江省金华市农业科学研究院、浙江大学生物技术研究所共同选育。以金华红芋优良变异单株为原始材料经系统选育而成，2011年通过浙江省品种审定，品种审定编号为浙（非）审蔬2011015。

特征特性

多子芋类型，中晚熟。株高120～130厘米，株型较直立，最大叶长半径和短半径分别约为26.5厘米和17厘米。子芋倒长卵圆形、孙芋卵圆形，表皮棕褐色，肉质乳白色；单株结子芋10个、孙芋6个。子芋平均重80～90克，纵径和横径分别为4.23厘米和8.36厘米。孙芋平均重27.7克、纵径和横径分别为3.04厘米和5.57厘米。10月下旬采收，每667平方米产量2 500～2 800千克。

适宜地区

长江中下游地区。

注意事项

种植时用松土壅种芋；及时割除侧芽并培土；子芋膨大后期应保持土壤湿润。

金华红芽芋球茎

鄂荸荠 2 号

品种来源

武汉市蔬菜科学研究所选育。从"台湾荸荠"自然结实后代中选择优良单株扩繁而育成，2014年通过湖北省农作物品种审定委员会（审）认定，品种审定编号为鄂审菜 2014008。

主要性状

株高 110 厘米左右，茎粗 0.6 厘米左右，叶状茎深绿色，分蘖力中等。球茎皮红褐色，脐部平，果肉厚，扁球形，纵径 2.5 厘米左右，横径4.5 厘米左右，单个球茎质量 32 克左右。一般每667 平方米产量 1 800 千克左右。球茎生食脆甜，鲜样可溶性糖含量 6.22%，淀粉含量 9.97%，脐部较耐开裂。

适宜地区

长江中下游及其以南地区。

注意事项

荸荠成熟后留田贮藏时间不宜过久，一般应在翌年 3 月之前采挖完毕；大田定植密度不宜过密，定植密度每 667 平方米宜为 2 000 株左右。

鄂荸荠 2 号球茎

鄂荸荠 2 号大田生长情况

桂蹄 1 号荸荠

品种来源

广西壮族自治区农业科学院生物技术研究所选育。以广西壮族自治区地方品种芳林马蹄通过组织培养筛选培育而成，2004 年进行品种登记，品种登记号为桂（薯）登 2004001。

特征特性

为鲜食型荸荠品种，中晚熟品种，11 月底开始采挖。大田生育期 130～140 天，植株高约 105 厘米，分蘖力强，适应性好，高产、优质、球茎个大、皮薄、棕红色、汁多脆甜化渣、商品性好，单个球茎质量 20 克，淀粉含量约 6%，适宜鲜食。一般每 667 平方米球茎产量在 2 500～3 500 千克。

适宜种植地区

广西壮族自治区及其周边地区荸荠产区种植。

注意事项

后期氮肥不宜偏多，密度不宜过大。

桂蹄 2 号荸荠

品种来源

广西壮族自治区农业科学院生物技术研究所选育。以广东省番禺地方品种为育种材料，通过组织培养诱导变异技术，得到变异群体，从中筛选优良变异单株培育而成，2010 年通过广西壮族自治区农作物新品种审定委员会审定，品种审定编号为桂审蔬 2010002 号。

特征特性

为中晚熟品种，12 月初开始采挖，大田生育期约 130～140 天，株高约 105 厘米，叶状茎粗约 0.5 厘米，分株（蘖）力、适应性及抗病力较强，花穗形成较早，球茎个大均匀、扁圆形，脐微凹，横径 3.5～5.5 厘米，纵径 2.3～3.0 厘米，单个球茎质量平均 26 克，大果率高，一般每 667 平方米球茎产量在 2 500～3 500 千克。淀粉含量约 8%，鲜食加工兼具。该品种高产、优质、果肉白嫩脆甜、球茎商品性好、皮色红褐色、皮稍厚耐贮藏等，适宜长途运输，是目前广西壮族自治区及其周边荸荠产区种植面积最大的荸荠品种。

适宜种植地区：长江中下游及其以南地区。

注意事项：① 桂蹄2号每年都以组培苗提供给种植户，种苗不带病不带菌，育苗过程中，要注意去除杂株或变异株；② 中后期氮肥不宜偏多、密度不宜过大。

桂蹄2号大田生长情况及球茎

桂粉蹄 1 号荸荠

品种来源

广西壮族自治区农业科学院生物技术研究所选育。以广东番禺地方品种为育种材料，通过组织培养诱导变异技术，得到变异群体，从中筛选优良变异单株培育而成，2010 年通过广西壮族自治区农作物新品种审定委员会审定，品种审定编号为桂审蔬 2010001 号。

特征特性

中晚熟品种，大田生育期 135 天，株高约100 厘米，分株分蘖力强，适应性强，单个球茎质量 10 克以上，淀粉含量高，约 12%，一般每667 平方米球茎产量 1 800～2 000 千克。该品种适用于加工提取马蹄粉和熟食，不宜鲜食，应在有马蹄粉加工厂收购的区域种植。

适宜种植地区

广西壮族自治区及其周边地区种植。

注意事项

氮肥偏多、密度过大的情况下，易感秆枯病。

桂粉蹄1号球茎

桂粉蹄1号大田生长情况

红宝石荸荠

品种来源

扬州大学选育。以桂林马蹄为材料，经化学诱变处理，筛选诱变单株选育而成，2012年通过江苏省农作物品种审定委员会鉴定，鉴定编号为苏鉴荸荠201201。

特征特性

中晚熟。生长势强，其株高118厘米，分蘖数可达400左右，叶状茎粗0.57厘米、颜色深绿，抗倒伏性好，抗杆枯病、抗逆性强。食用加工利用率较高，单个球茎质量30～45克，可溶性总糖含量达6.8%，口感更甜，食用品质佳。商品性好。每667平方米产量2 100千克左右。球茎脐部平整，为平荸类型。

适宜地区

长江中下游地区。

注意事项

该品种栽培时，需要土壤软烂、深厚，有机基肥充足；前期分蘖生长期要促旺长，后期控制氮肥施用。

红宝石荸荠球茎

红宝石荸荠大田生长情况

姑苏芡 1 号芡实

品种来源

江苏省苏州市蔬菜研究所选育。以紫花苏芡为母本、紫花刺芡为父本杂交选育而成，2012 年通过江苏省农作物品种审定委员会审定，鉴定编号为苏鉴芡实 201201。

特征特性

早熟，植株少刺，生长势中等，叶片绿色，萼片短三角形，花淡紫色，果实圆球形，直径 8 ～ 9 厘米，籽粒呈红褐色，直径 1.1 厘米，米仁直径 0.8 厘米，种壳厚度 0.10 ～ 0.15 厘米。品质好，口感较糯。植株抗叶瘤病能力较强，较耐寒。一般在 8 月下旬（定植 60 ～ 70 天后）始收，每667 平方米产新鲜壳芡 140 千克左右，干米产量 40 千克左右。

适宜地区

长江中下游地区。

注意事项

该品种以加工休闲食品为主，植株少刺，可分批采收，种植密度为 2 米 × 2 米。

姑苏芡 1 号植株

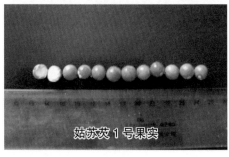

姑苏芡 1 号果实

姑苏芡 2 号芡实

品种来源

江苏省苏州市蔬菜研究所选育。以紫花苏芡为母本、紫花刺芡为父本杂交选育而成，2012 年通过江苏省农作物品种审定委员会审定，鉴定编号为苏鉴芡实 201202。

特征特性

中早熟，植株少刺，生长势中等，叶片绿色，萼片短三角形，紫花，果实圆球形，直径 10 厘米左右，籽粒呈红褐色，直径 1.4 厘米，米仁直径 0.9 厘米左右，种壳厚度 0.25 厘米左右。品质好，口感较糯。一般在 8 月下旬（定植 60～70 天后）始收，每 667 平方米新鲜壳芡产量 180 千克左右，鲜米产量 110 千克左右。植株抗叶瘤病能力较强，较耐寒。

适宜地区

长江中下游地区。

注意事项

该品种以分批采收"大旦",加工冻鲜米为主。

姑苏芡 2 号植株

姑苏芡 2 号果实

姑苏芡 3 号芡实

品种来源

江苏省苏州市蔬菜研究所选育。以紫花苏芡为母本、紫花刺芡为父本杂交选育而成，2012 年通过江苏省农业委员会成果鉴定，鉴定编号为苏农科鉴字 [2012] 第 17 号。

特征特性

早熟，植株少刺，生长势中等，叶片绿色，萼片短三角形，花淡紫色，果实圆球形，直径 11.5 ～ 12.5 厘米，籽粒呈绿褐色，直径 1.15 ～ 1.20 厘米，米仁直径 0.85 ～ 0.95 厘米，种壳厚度 0.1 ～ 0.15 厘米，米仁占籽率重量 44.3%，烘干后出率为 56%。一般在 8 月下旬（定植 60 ～ 70 天后）始收，每 667 平方米产新鲜壳芡 180 千克，可加工成鲜芡米 80 千克或干芡米 45 千克。植株抗叶瘤病能力较强，较耐寒。

适宜地区

长江中下游地区。

注意事项

该品种可分批采收，加工成休闲食品、冻鲜米、干米。

姑苏芡 3 号植株

姑苏芡 3 号果实

姑苏芡 4 号芡实

品种来源

江苏省苏州市蔬菜研究所选育。以紫花苏芡×白花苏芡稳定后代为母本，以紫花苏芡×紫红花刺芡稳定后代为父本杂交育成，2012 年通过江苏省农业委员会成果鉴定，鉴定编号为苏农科鉴字 [2012] 第 16 号。

特征特性

中熟。植株少刺，生长势较强，叶片深绿色，直径 2.0～2.3 米。花萼 4 片，短三角形，外侧青绿色，内侧紫红色，花瓣紫色。单株结果数 15.2 只，果实圆球形，直径 11.7 厘米左右，单果重 600 克左右，平均单果籽粒数 145 粒。籽粒老熟时呈红色，直径 1.61 厘米，米仁直径 1.05 厘米左右，种壳厚度 0.28 厘米。米仁占籽粒重量 26.5%，烘干后出率为 55%，一般在 8 月下旬（定植 60～70 天后）始收，每 667 平方米产鲜壳芡 175 千克，鲜芡米 95 千克左右，干芡米 50 千克左右，植株抗叶瘤病能力较强。

适宜地区

长江中下游地区。

注意事项

该品种以分批采收"剥坯"，加工干米为主。

姑苏芡 4 号植株

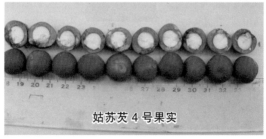

姑苏芡 4 号果实

紫金星慈姑

品种来源

扬州大学选育。以紫园慈姑为材料，经辐射诱变处理，筛选诱变单株选育而成，2012年通过江苏省农作物品种审定委员会鉴定，鉴定编号为苏鉴慈姑201201。

特征特性

株高90～100厘米，植株紧凑、叶色深绿，单球茎重35～40克，球茎表皮紫红色。球茎干物质含量和总淀粉含量分别达33.3%和21.4%。质粉、肉质较细、口感酥软，略带苦味，品质较好。高抗黑粉病。每667平方米产量1 300千克以上。属紫皮类型慈姑新品种。

适宜地区

长江中下游地区露地或设施早熟栽培。

注意事项

该品种栽培时，要求土壤软烂，有机基肥充

足；结球前应适当控制营养生长，进入结球期应促旺长。

紫金星慈姑球茎

紫金星慈姑采收

慈玉慈姑

品种来源

扬州大学选育。以苏州黄慈姑为材料，经辐射诱变处理，筛选诱变单株选育而成，2012年通过江苏省农作物品种审定委员会鉴定，鉴定编号为苏鉴慈姑201202。

特征特性

中熟。株高92.0厘米，生长势强，叶色深绿，开展度82.2厘米；球茎卵圆形，平均单个球茎重35～40克，皮淡黄白色；其干物质含量和总淀粉含量分别达30.7%和15.9%。口感粉、酥软，略带甜味，食用品质优。抗黑粉病。每667平方米产量1 200千克左右。属黄白皮类型慈姑新品种。

适宜地区

长江中下游地区露地或设施早熟栽培。

注意事项

该品种栽培时，要求土壤软烂，有机基肥充

足；结球前应适当控制营养生长，进入结球期应促旺长。

慈玉慈姑球茎

慈玉慈姑大田生长情况

伏芹 1 号水芹

品种来源

扬州大学选育。由宜兴异叶水芹变异单株选育而成，2010 年通过江苏省农作物品种审定委员会鉴定，鉴定编号为苏鉴水芹 201001。

特征特性

伏芹 1 号水芹新品种夏季遮阳网覆盖条件下，植株田间生长势较强，一致性好，抗逆性中等偏强，尤其耐热性较强。夏季种植萌发快，萌芽率高，从种植到采收需 35～40 天。植株株高 46.6 厘米，茎粗 1.1 厘米，直立性好，很少产生匍匐茎，较抗倒伏；叶片淡绿色、叶柄和茎绿白色，小叶阔卵形，叶缘钝锯齿形。口感风味较好。夏季栽培时，应施足有机肥有利于提高产量、改善品质。每 667 平方米产 2 500 千克左右。

适宜地区

长江中下游地区夏秋遮阳网覆盖栽培。

注意事项

该品种在夏季栽培时，需要应用遮光率为65%～80%的遮阳网覆盖；需要土壤软烂、有机基肥充足，忌偏施氮肥；采收期较集中。

伏芹1号产品

伏芹1号采收

伏芹1号大田生长情况

第二章
水生蔬菜轻简化栽培技术与新模式

微型藕繁殖技术

技术目标

莲藕是我国最主要的水生蔬菜，但生产上存在传统种藕繁殖系数低、种藕易带病菌、用种量大、运输困难、品种退化现象严重等难题，制约了莲藕产业的发展和新品种的推广应用，莲藕微型种苗是解决上述生产技术难题的有效途径之一。微型藕具有繁殖速度快、体积小、重量轻、便于运输、栽培简便等优点，适于我国莲藕产区应用。

技术要点

（1）土壤与设施准备：要求水源充足，地势平坦，无莲藕腐败病和食根金花虫等病虫害发生。在微型藕培养容器摆放前7～10天，清除田间残茬和杂草，整平。容器直径宜30厘米、深宜12～15厘米，填泥土深宜9～12厘米。宜将容器与泥面齐平摆放，每4行留一条操作行，操作行宽50～80厘米。

（2）定植：露地应在日平均气温稳定在15℃以上时定植。宜于3月下旬到5月下旬定植，每个容器定植 1 支试管藕，定植深度 2～3 厘米。

（3）水位管理：立叶长出前，水深宜 3 厘米左右；立叶长出后，水位可逐渐加深，但不宜超过 10 厘米；越冬期间水深宜 10 厘米以上。

（4）追肥：宜在 2～3 片立叶时每 667 平方米施复合肥 25 或尿素 15 千克；5～6 片立叶时，每 667 平方米施尿素 15 千克和硫酸钾 10 千克。

（5）病虫害防治：重点防治莲藕腐败病和斜纹夜蛾、蚜虫、蓟马等。

（6）采收：宜在第二年 3 月下旬至 4 月上旬采收微型藕，采后洗除藕体上泥土，去除残留根须、叶柄等；切除过长梢段。

（7）防杂去杂：应在全生育期随时注意清杂株。生长期根据花色、叶形、叶色等性状，将与所繁品种有异的植株挖除；枯荷期挖除田块内仍保持绿色的个别植株；种藕采收时，将藕皮色、芽色、藕头与藕节间形状等与所繁品种有异的藕支剔除。

（8）包装贮运：微型藕采挖后，应在 5 天内包装。包装前，宜用 50% 多菌灵可湿性粉剂 600 倍液浸泡 1 分钟后，沥干。不同品种、不同批次的微型藕应分开包装。包装材料应防潮、通气、防挤压。同一包装箱内的数量以支数计，误差不得超过 2%。贮藏和运输过程中应防冻、防晒、防鼠、防雨淋、防挤压，通风良好。

（9）质量要求：品种纯度不低于 99%；单支质量宜 0.2～0.5 千克；单支顶芽数量不少于 1 个、完整节间数量不少于 3 个；无明显机械伤，顶芽完好；无病虫为害；新鲜、无萎蔫、无腐烂；萌芽率不低于 90%。

鄂莲 5 号微型藕

微型藕装箱运输

技术来源：武汉市蔬菜科学研究所

微型种藕轻简化栽培技术

技术目标

在我国莲藕主产区，莲藕生产一般每 667 平方米需种量 250 ～ 400 千克，存在着用种量大、不便于运输和田间种植劳动强度大的问题，为了解决这些问题，研发了微型种藕轻简化栽培技术。该技术通过采用莲藕微型种苗、合理密植和加强水肥管理等措施，达到莲藕种植省力、省工的目的，其产量与传统种植方式相当。

技术要点

（1）种藕准备：选择中晚熟莲藕优良品种的微型种藕，一般每 667 平方米需 150 ～ 200 支；避免采用微型藕作早熟栽培。

（2）定植：长江流域露地栽培在 3 月下旬至 4 月上旬，珠江流域在 3 月上中旬，黄河流域在 4 月中下旬。按株行距（1.5 ～ 2）米 ×2 米定植，定植深度约 5 厘米。

（3）水位管理：6 月之前应注意控制水位，宜保持 3 ～ 5 厘米浅水，之后随着气温升高与植株生长可逐渐加深水位。

（4）追肥：第一片立叶展开时，及时追肥，每 667 平方米施尿素 15 千克或碳铵 30 千克；立叶长出 5～6 片，每 667 平方米施复合肥 75 千克或尿素 20 千克和硫酸钾 10 千克；根状茎开始膨大时，根据长势每 667 平方米追施硫酸钾复合肥 20～30 千克。

（5）草害防治：封行之前及时清除田间杂草。

微型种藕大田定植

微型种藕大田生长情况

技术来源：武汉市蔬菜科学研究所

莲藕大棚早熟栽培技术

技术目标

莲藕生产一直受到采挖难度大、劳动力老龄化及日益短缺等问题的制约，为了解决这些问题，研发了莲藕大棚早熟栽培技术。该技术通过采用大棚保护地栽培、合理密植和适时采收等措施，既实现了莲藕"一年三收"生产效益的大幅提高，又解决了莲藕采挖难的问题。

技术要点

（1）建棚建池：建设钢架或竹木大棚，长30米、宽10米。若仅作莲藕早熟栽培，先深耕整田，施足基肥，方法、数量同露地栽培。若作莲藕大棚基质栽培，则需在大棚内建池，池深50～60厘米，池底部及四壁水泥硬化即为硬池，铺双层塑料薄膜或土工膜即为软池，再将泥炭等基质均匀填入池中，填充深度30厘米。

（2）品种选择：宜选用早熟品种，如鄂莲7号、赛珍珠等。

（3）定植：定植时间一般较露地提早25～30

天，武汉地区为3月初。株行距（0.9～1.0）米×2.0米，栽植行与行之间摆成梅花形，芽头一律指向棚中央。每667平方米需种藕400～600千克。

（4）温度调节：从定植到萌发期间要闭棚以提高棚温。一般棚温不超过35℃为宜，否则要注意通风降温。5月上中旬，可视情况揭除覆盖。

（5）水深管理：生长前期，立叶长出水面前灌2～3厘米浅水，促早发。后随着植株生长和气温提高，水深可保持在5～6厘米。

（6）追肥：由于大棚莲藕生育期短，追肥分两次。第一次在第一片立叶展开时，每667平方米施尿素15千克，肥料化水浇泼在立叶周围。第二次在封行前，每667平方米施氮磷钾三元复合肥50千克，化水浇泼。

（7）除草、补苗：在封行前应随时拔除田间杂草。发现缺苗及时补栽。

（8）采收：5月上中旬可采收第一批藕上市，此次采收收大留小，即采收主藕上市，留下子藕继续生长。采收后每667平方米追施氮磷钾三元复合肥50千克。7月上中旬可采收第二批藕上市，此次采收仍是收大留小，采后追肥。当年底或第二年春天可进行第三批藕采收。

莲藕大棚早熟栽培

大棚基质栽培莲藕采收

技术来源：武汉市蔬菜科学研究所

莲藕返青早熟栽培技术

技术目标

长江中下游地区传统莲藕栽培的采收期一般为7月中旬至翌年4月，5月至7月上旬为莲藕上市断档期。莲藕返青早熟栽培，采收期为6月中下旬至7月中旬，其与延后采收栽培及传统露地栽培模式搭配，在不采用覆盖设施的前提下，实现了莲藕周年生产上市，经济效益十分显著。莲藕返青早熟栽培一般于3月下旬至4月上中旬定植，7月上中旬采收大藕上市，小藕做为种藕重新定植，冬季莲藕留地越冬，保留至翌年返青生长，重新结藕。第二年返青生长的莲藕6月中下旬至7月下旬采收，采收后用小藕做种重新定植。

技术要点

（1）品种选择：宜选用极早熟品种或早熟品种。如鄂莲7号、鄂莲1号和鄂莲5号等。

（2）定植：第一年3月下旬至4月上中旬定植，每667平方米用常规种藕400千克左右，

6～7月采收后随即用小藕做种，定植行距1.5米，株距1米。

（3）施肥：第一年定植的田块，于3月中下旬至4月下旬结合整地每667平方米施入复合肥50千克，定植后第25～30天，每667平方米施复合肥25千克和尿素10～15千克；定植后第55～60天，每667平方米施复合肥25千克、尿素10～15千克和硫酸钾10千克。6～7月重新定植后的第25～30天，每667平方米施复合肥25千克和尿素10～15千克。第二年4月上中旬，每667平方米施复合肥25千克、尿素10～15千克及硫酸钾10千克。第二年及以后各年，于6～7月重新定植后每667平方米施入复合肥50千克，追肥与第一年相同。

（4）水位管理：定植初期水深宜为5～10厘米，立叶抽生后保持水深为10～20厘米。越冬期田间保持水深10厘米以上。

（5）病虫草害防治：注意防治莲藕腐败病、褐斑病、斜纹夜蛾、蚜虫及稻食根金花虫等病虫害。人工清除田间杂草。

（6）采收：一般在形成2～3个膨大节间时开始采收青荷藕。

青荷藕采收

青荷藕采收后将子藕栽入田中

技术来源：武汉市蔬菜科学研究所

莲藕延后采收栽培技术

技术目标

长江中下游地区传统莲藕栽培的采收期一般为 7 月中旬至翌年 4 月，5 月至 7 月上旬为莲藕上市断档期。莲藕延后采收栽培，采收期为 5 月上旬至 6 月中旬，其与返青早熟栽培及传统露地栽培模式搭配，在不采用覆盖设施的前提下，实现了莲藕周年生产上市，经济效益十分显著。

技术要点

（1）田块选择：宜选择水源充足、水位可调控的深水池塘。

（2）品种选择：宜选用晚熟品种，如鄂莲 8 号等。

（3）定植：第一年 3 月中下旬至 4 月下旬定植，每 667 平方米用常规种藕 250 千克左右。第二年及其以后各年采收后随即用小藕做种，定植行距 1.5 米，株距 1 米。

（4）施肥：第一年定植的田块，于 3 月中下旬至 4 月下旬结合整地每 667 平方米施入复合肥

50 千克，定植后 25～30 天、55～60 天分别每 667 平方米施复合肥 25 千克和尿素 10～15 千克；定植后 75～80 天每 667 平方米施尿素和硫酸钾各 10 千克。第二年及以后各年，于重新定植后每 667 平方米施入复合肥 50 千克；定植后 25～30 天，每 667 平方米施复合肥 25 千克和尿素 10～15 千克；定植后 55～60 天，每 667 平方米施复合肥 25 千克、尿素 10～15 千克及硫酸钾 10 千克。

（5）水位管理：定植初期水深宜为 5～10 厘米，立叶抽生后保持水深为 10～20 厘米，叶片枯萎后，灌 1.5 米以上深水越冬并保持到翌年 5 月上旬至 6 月中旬。

（6）病虫草害防治：注意防治莲藕腐败病、褐斑病、斜纹夜蛾、蚜虫及稻食根金花虫等病虫害。人工清除田间杂草。

（7）采收：5 月上旬至 6 月中旬，根据市场需求采挖上市。

技术来源：武汉市蔬菜科学研究所

芋脱毒种苗繁殖技术

技术目标

长期以来，芋栽培采用无性繁殖方式，导致多种病害积累危害，特别是病毒病逐年加重，造成产量下降，品质变劣，种性退化，甚至绝种。影响芋生产的主要病毒病害是芋花叶病毒病（*Dasheen Mosaic Virus*，DMV）。感染病毒病的芋头一般产量下降30%，有的甚至达50%左右。芋脱毒快繁技术可在组培条件下获得试管芋，一方面解决了芋种带毒的难题，另一方面可以提供大量的芋种为生产服务，为芋头生产提供了一条捷径。

技术要点

（1）外植体准备：从种芋上取微芽，流水冲洗干净，用70%的酒精浸泡20分钟，拨下微芽外的2～3层鳞片，再以0.1%氯化汞浸泡10秒，用无菌水冲洗3～5次，接种在分化培养基上。

（2）分化培养：分化培养基为MS+6-BA 3.0毫克/升+NAA 0.5毫克/升+蔗糖30克/升+琼

脂5～6克/升；培养温度为（25±2）℃，光照强度约1 500勒克斯，光照10时/天。

（3）芋花叶病毒检测：采用双抗法（夹心法）在405纳米波长下对芋组培苗进行芋花叶病毒的检测。

（4）继代增殖：将检测合格的材料转接到继代培养基上进行继代增殖培养，25～30天产生新的丛芽，增殖系数可达20左右。继代增殖培养基为MS+6-BA 4.0毫克/升+NAA 0.5毫克/升+AC 3.0克/升+蔗糖30克/升+琼脂5～6克/升。

（5）生根：将1.5～2.0厘米高的再生植株分切成单株，转接到生根培养基上诱导生根，15天后，植株长出许多根，长的可达10厘米左右，且不断有新根长出。生根培养基为2/3 MS+6-BA 0.1毫克/升+NAA 0.1毫克/升+AC 3.0～10.0克/升+蔗糖30克/升+琼脂5～6克/升。

（6）试管芋诱导：生根培养15～20天后，将试管苗转接于试管芋诱导培养基上生长，25～30天长成试管芋，试管芋诱导培养基为MS+6-BA 0.5～1.0毫克/升+AC 3.0～10.0克/升+蔗糖80克/升+琼脂5～6克/升。

（7）试管芋质量要求：单个重0.6克以上，形状圆整，具完整顶芽的小球茎。

茎尖分生组织培养

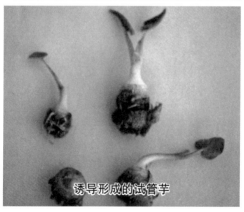

诱导形成的试管芋

技术来源：武汉市蔬菜科学研究所

试管芋育苗技术

技术目标

武汉市 2 月下旬至 3 月上旬，夜晚气温偏低，试管芋的育苗需在大棚中进行。

技术要点

（1）育苗基质准备：试管芋定植前 15 天左右，将育苗基质充分拌均，用塑料薄膜覆盖堆放。基质的配方为草炭：蛭石：沙：1:1:1，拌和时加入适量自来水。

（2）基质的分装：基质堆放半月后即可装营养钵，营养钵规格为 8 厘米 × 8 厘米。每个营养钵装入 2/3 基质，不宜装满，更不要装实。

（3）试管芋清洗：定植当天清洗试管芋。将试管芋从培养基中取出，洗净培养基，拔除根系，去除弱小及形状不规整的。拔除根系时尽量不要损伤试管芋。

（4）定植与管理：3 月上旬，在大棚中进行试管芋定植育苗。定植时，用竹签将营养钵的基质拨开 1.0～1.5 厘米深的穴，顶芽朝上放入试管芋，用手轻轻压实基质即可。试管芋定植完成后浇水，第一次浇透水，以后每隔3～5天浇一次水，成活率可达100%。

（5）育苗质量要求：植株高10～15厘米，具3～4片叶，根系发达。

试管芋定植

试管芋育苗

技术来源：武汉市蔬菜科学研究所

芋地膜覆盖轻简化栽培技术

技术目标

芋头是一种生长期较长的作物，常规栽培中的除草、培土、灌水等管理工作量大。采用地膜覆盖轻简化栽培技术，可有效防止杂草生长，并减少培土、灌水等程序，提高劳动效率；同时，还可以延长芋头生长期，提高芋头产量。

技术要点

（1）大田准备：选择 2 年以上未种过芋头的田块，冬前深翻冻垡。定植前 1 周左右每 667 平方米施有机肥 2 000 千克、复合肥 50～75 千克、尿素 50 千克、钾肥 20 千克，再翻耕 1 次，耙细整平。

（2）催芽：播种前提前 20～30 天用温室或塑料拱棚催芽，催芽前晾晒种芋 3～4 天，待芽长 3～4 厘米时播种。

（3）播种：3 月上中旬地温稳定在 10℃以上播种，双行种植。按垄距平地开好定植沟，多子芋 90～100 厘米，槟榔芋 160～180 厘米，定植沟宽 30～50 厘米，沟深 15～20 厘米，再按多子芋株距 30～40 厘米、魁芋株距 70～80 厘米，种芋顶芽向上呈"梅花"型排种在定植沟两侧，多子芋每 677 平方米栽 2 500～3 500 株，槟榔芋每 667 平方米栽 1 000～1 600 株，南方稀植，北方密植，然后培土成垄，垄高 15～18 厘米，整平垄面，喷施乙草胺除草剂，覆盖白色地膜并压实，栽植全部完成后，沟底溜水 1 次。

（4）田间管理：出芽后及时破膜引苗，并用泥土压实膜口，发现缺苗时应及时补栽。前期保持土壤湿润即可，6～8 月高温季节，沟底可保存适量浅水，后期土壤以湿润为主。少培土或不培土。生长过程中注意防治芋软腐病、芋疫病、斜纹夜蛾、蚜虫、朱砂叶螨等病虫害。芋头叶片发黄枯萎表示地下球茎已老成熟，即可采挖。

芋头播种后起垄

地膜覆盖栽培与露地栽培芋头长势对比

技术来源：武汉市蔬菜科学研究所

槟榔芋北移栽培技术

技术目标

我国槟榔芋栽培地区主要集中在广东、广西、福建、湖南等省区。因香味浓郁、粉甜可口，营养丰富，深受消费者喜爱。通过槟榔芋的北移栽培，调整了当地蔬菜生产种植结构，既增加了农民收入，又丰富了当地市场。

技术要点

（1）种子选择：选择大小均匀，单个重40～50克，无病虫，优良的地方品种。每667平方米用种量50～70千克。

（2）选地：宜选用前茬未种过芋类作物，土层深厚、质地疏松、排水透气性好、富含有机质的沙壤土作育苗和栽培地。

（3）播种育苗：3月上旬播种，在大棚或小拱棚内育苗。苗床作成宽1米、高0.3米的深沟高畦，浇足底水，将种芋根部朝下平放于畦面，再盖4～5厘米厚的营养土，插拱盖膜，四周用土块压实即可。如遇倒春寒时，加盖草帘保温，当气温稳定达到25℃时揭膜通风，床土保持见干见湿。

（4）定植：4月上中旬定植，定植前每667平方米施腐熟有机肥4 000千克，复合肥50千克、硫酸钾20千克作基肥。深翻起垄，整平垄面，垄宽100厘米，沟宽60厘米，垄高30厘米。每畦定植2行，株距70厘米，定植深度15厘米，每667平方米种植1 200～1 500株。

（5）追肥：槟榔芋生长周期长，需肥较多，耐肥力强。第一次追肥宜于5月下旬至6月上旬进行，每667平方米追施尿素15千克，并培土；第二次追肥宜于6月下旬至7月上旬进行，每667平方米追施复合肥25千克及硫酸钾15千克，并培土。

（6）水位管理：定植时浇足定根水，生长过程中保持土壤湿润，7月至8月畦沟内可保持水深3～5厘米，采收前20天停止灌水。

（7）培土中耕：结合中耕除草，搞好培土，在全生育期中，一般进行两次培土管理。第一次在芋苗开始迅速生长期，培土宜薄，以5～6厘米厚为好；第二次在球茎迅速膨大期，培土以10厘米左右为好。

（8）病虫害防治：注意防治芋疫病和斜纹夜

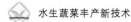

蛾的发生。

（9）收获：10 月槟榔芋成熟后，霜降前选晴天及时收获，在地窖或阴暗通风处贮存。

槟榔芋北移栽培

技术来源：武汉市蔬菜科学研究所

荸荠脱毒组培苗快繁技术

技术目标

通过植物组培技术手段，进行脱毒和快速繁殖，解决了荸荠长期以球茎留种造成的品种退化问题，同时，也加快了新品种的推广速度。

技术要点

（1）外植体准备：在无病害、无病毒荸荠种质圃中，选择优良品种的健康球茎，用自来水冲洗、清理干净球茎顶芽，凉干表面水，用75%酒精搽拭球茎表面和顶芽，切取小芽，再用氯化汞消毒12～15分钟，然后，用无菌水漂洗3～5次，备用。

（2）分化培养：在无菌条件下，将消毒好的芽切取茎尖0.05～0.10厘米，接入经消毒后的启动培养基MS+6-BA 1.0～1.5毫克/升+NAA 0.05毫克/升+白糖30克/升，在光强约1 000～1 500勒克斯，温度25～28℃的条件下培养15～20天，获得无菌荸荠材料，然后转接到分化培养基里。

（3）病毒检测：在分化培养基里培养20天后，用ELISA方法进行病毒检测，合格材料再进行继代增殖培养。

（4）继代增殖：材料病毒检测合格后，才能转入继代增殖培养基MS+6-BA 1.5～2.0毫克/升+NAA 0.01毫克/升+白糖30克/升，进行增殖培养，连续多次继代增殖，一般继代转接不超10次，每次间隔30天。

（5）生根：在1～2月将生长均匀粗壮的继代材料分切成单株，接入MS+NAA 0.6～1.0毫克/升+白糖30克/升生根培养基，然后，放置在温度25～30℃的光照培养室培养10～15天。

（6）炼苗：待苗长出新根、高3厘米后，移放在自然环境下散射光线好、温度在20℃以上的大棚里，炼苗20～30天以上。

（7）种苗质量要求：株高8厘米以上，每株苗有2叶1心和3条根以上，茎叶较粗，叶色浓绿。

（8）包装贮运：以60厘米×30厘米×44厘米的硬纸箱包装运输，箱体或包装袋上应标明作物种类、种苗类型、品种名称、规格、变异率、注意事项、生产单位、生产日期、经营许可证号、生产许可证号、地址及联系电话等。

初代无菌材料

继代增殖培养

袋装生根苗

生根苗炼苗

技术来源：广西壮族自治区农业科学院生物
　　　　　技术研究所

荸荠脱毒组培苗两段育苗技术

技术目标

荸荠组培苗较细嫩，移栽成活率极低，不易直接用作大田生产栽培，通常是经一次育苗后直接定植于大田，最终结出的球茎小，只能作为原种第二年栽培用，而且产量低，商品价值低，效益差。采用"荸荠组培苗两段育苗技术（即先将组培苗育成中苗，再育成生产栽培用的大苗）"方法，可使组培苗移栽育苗成活率达90%以上，苗增殖率在15～20，用约150株组培苗经两段育苗扩繁后就可满足667平方米需栽培大苗量；由于苗健壮，大田种植后生长迅速而整齐，便于管理，易获得稳产高产，实现当年种植当年商品化采收。该技术可直接在大田或保温大棚进行，适宜所有荸荠种植区应用。

技术要点

1. 第一段培育壮秧

华南地区在4月中下旬至5月初开始移栽，长江流域地区在4月初，每平方米可育组培苗

180～200丛。育苗期约25天。

（1）选择优质组培苗：优质苗标准为株高8厘米以上，根系发达，叶状茎较粗，培养基无污染。

（2）秧田选择及整理：选择前茬旱作或非茭荠田，水源丰富，排灌方便，土壤肥沃。提前做好土壤消毒灌水沤田工作，每667平方米可撒施生石灰75千克。移栽前1天，每667平方米施基肥45%复合肥15千克和17%过磷酸钙40千克，耙匀起畦，畦面无积水，宽约90厘米，行沟40厘米，行沟能储水。

（3）移栽：开袋在阴凉处放置一天，用清水洗净根部琼脂，浅插种稳在苗床上，株行距5厘米×10厘米。然后盖薄膜和遮阳网，四周围起高约50厘米的薄膜墙，防止福寿螺、害虫侵食。

（4）管理：保持行沟有水，床面湿润，3～5天拆除遮阳网，10天后保持浅薄水层进行追肥防虫防病，用0.3%～0.8%的磷酸二氢钾溶液喷洒叶面，浓度逐渐增大，5天一次，结合喷药防病防虫；遇上阴雨天气，雨停后立即喷杀菌剂防病，移栽前7天喷杀菌剂并停止施肥。

第一段洗苗　　第一段移栽盖膜

第一段喷药追肥　　第二段种苗扩繁

2. 第二段种苗扩繁

约 50 天，在 5 月下旬至 6 月初开始插植，株行距 40 厘米×50 厘米。每株组培苗繁殖 20 株生产用苗，否则易造成大果率和结果率低。

（1）整地及移栽：育苗田相同。选择健康粗壮的苗，去除矮小细弱、成丛生状分蘖的异常苗，分成单株移栽。分厢种植，厢宽 4～5 米。

（2）水肥管理：移栽后保持 2～3 厘米水层，10 天后每 667 平方米撒复合肥 5 千克和尿素 5 千克，20 天后每 667 平方米以复合肥为主施 15 千克，可适量增施钾肥。封行后控水控肥。

（3）病虫害防治：10 天一次喷杀菌、防虫药，连续 3～5 次。

（4）去除杂株异株：定植前必须进行除杂工作，去除如下类型植株：① 叶状茎色不同（浅绿）分株特强（图 2）；② 紧靠母株成丛状分蘖，不分株，叶状茎细小（图 3）；③ 植株细弱，地下匍匐茎较细，φ ≤ 0.3 厘米（鲜食茭荠品种），节间较长（图 4）；④ 植株特矮分蘖少，不分株，不长高（图 5）；⑤ 植株矮壮，叶色浓绿，茎状叶横向生长扭曲度大（图 6）。

图 1　正常植株

图 2　分株特强叶状茎色浅绿

图3 叶状茎细成
丛状分蘖

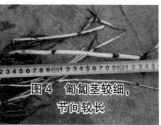

图4 匍匐茎较细，
节间较长

图5 株矮，不分株，
不长高（左株）

图6 植株矮状，
叶状茎横向生长
扭曲

技术来源：广西壮族自治区农业科学院生物
技术研究所

荸荠脱毒组培苗大田栽培技术

技术目标

荸荠组培苗大田高产栽培技术主要包括为：定植时间的确定，种苗选取及处理，水肥管理，病虫害防治，适时采收等。其中在选苗和大田种植期间去除变异（杂）苗是关键的重要工作，此外由于移栽的组培大苗根系受伤需一定的恢复期，在栽培期选择上应比传统栽培时间稍提前 3～5 天。

技术要点

（1）起苗及种苗消毒：起苗前剪去上部茎叶留下部 30 厘米，然后将种苗小心挖起，不要损伤基部根茎，用 70% 甲基托布津 1 000 倍液或 50% 多菌灵 500 倍液浸根 30～60 分钟，当天起苗当天种植。

（2）去除变异株：起苗和定植时，去除如下类型植株：① 叶状茎色不同（浅绿）分株特强；② 紧靠母株成丛状分蘖，不分株，叶状茎细小；③ 植株细弱，地下匍匐茎较细 φ ≤ 0.3 厘米（鲜食荸荠品种），节间较长；④植株特矮分蘖少，不分株不长高；⑤植株矮壮，叶色浓绿，茎状叶横向生长扭曲度大。

（3）定植：广西壮族自治区、广东省等亚热带荸荠产区7月中旬至8月初移栽，种植密度（30～50）厘米×（40～50）厘米。长江中下游荸荠产区7月上中旬移栽，种植密度（30～50）厘米×（40～60）厘米。种植密度原则是早疏晚密。

（4）施肥：基肥每667平方米施用腐熟农家肥1 000～1 500千克，45%复合肥（氮：磷：钾＝15：15：15，下同）15～20千克，12%过磷酸钙50千克，硼锌肥1.5～2千克。

追肥宜均衡用肥，提高植株抗病虫能力，防止植株早衰。前期（返青—封行前）追肥3～4次，中后期（球茎形成膨大期）追肥2～3次，定植返青后（8～15天），第一次每667平方米用尿素5千克和复合肥10千克，20～50天促分（蘖）株，每667平方米用复合肥15千克，10天一次，连续2次，9月上旬施复合肥15千克、50%钾肥5千克，以及高纯度硼锌微量元素肥1.5千克；70天（10月初）后施下球茎膨大肥（氮磷钾比例为12：6：24），总量为复合肥50千克和钾肥 30 千克，分 2～3 次施入，前重后轻，10～15 天一次。

（5）水的管理：干湿交替，保持土壤湿润。深水施肥，浅水喷药。封行前，控制杂草，保持水层 5 厘米；封行后，排水晾田（表土出现 0.3 厘米小裂缝为宜），降低田间湿度，增强田间透气性。膨大期保持水层。收获前排水。

（6）病虫害防治：荸荠主要病虫害有秆枯病、白粉病、枯萎病、茎基腐病、白禾螟等。以防为主，综合防治为原则。农业物理化学防治相结合，及时清除病叶残株，进行水旱轮作制度，做好土壤消毒；悬挂诱虫灯，进行物理诱杀；化学防治做到交替用药、复配用药，防止病虫产生抗药性。

（7）适时收获：在广西壮族自治区，荸荠最佳收获时间在 12 月中旬到春节前，这时荸荠球茎产量最高，含糖量达到最高峰，而且较耐贮藏。

技术来源：广西壮族自治区农业科学院生物技术研究所

双季茭白育苗技术

技术目标

该技术适宜在双季茭白主产区示范推广，较好地解决了因茭白种性退化所导致的雄茭、灰茭比例高，茭白个体长势不整齐，品质较差等技术瓶颈。优点是培育优质种苗，防止种性退化，种苗繁殖率高，采收期整齐，茭白优质高产。

技术要点

（1）选种：双季茭白选种工作，涵盖夏季茭白、秋季茭白生产的全过程，主要包括4个环节：夏季的分蘖期和采收期、秋季的分蘖期和采收期。分蘖期主要去除株高、披散程度、叶片宽度、色泽异常的植株；采收期主要选留熟性、经济性状优良，采收期较集中，符合品种特征特性的植株，并做好标记。

（2）起墩育苗：2月上旬，挖起事先标记的茭墩，移栽到育苗床或育苗专用田，墩距50厘米×50厘米。

（3）育苗田准备：选择前茬非茭白的田块作

育苗田，每 667 平方米大田计划育苗田 50 ~ 60 平方米。2 月下旬每 667 平方米施腐熟有机肥 1 000 ~ 1 500 千克、复合肥 20 ~ 30 千克、硼砂 1.5 千克，深翻耖平，保留 10 ~ 20 厘米水层备用。

（4）单株定植：3 月下旬到 4 月中旬，茭白种苗高度达 40 厘米左右时定植。株距 100 厘米，行距 25 厘米，单株定植。

（5）施肥：移栽后 20 天，每 667 平方米施尿素 5 ~ 10 千克。以后每 15 ~ 20 天施用一次肥料，每次每 667 平方米施尿素 10 千克，氯化钾 10 千克。

（6）水位管理：田间保持 3 ~ 5 厘米浅水位，促进分蘖生长。

（7）去除杂株：在种苗分蘖期，继续把好种苗质量关，淘汰株高、披散程度、叶片宽度、色泽异常的植株。

（8）病虫防控：5 ~ 7 月，做好病虫预防工作，重点防控"两病"，即胡麻叶斑病和锈病。

（9）适时移栽：7 月上中旬，选阴天、多云天气或晴天下午 4 点后，割叶留 35 ~ 40 厘米叶鞘宽窄行种植，宽行 90 ~ 100 厘米，窄行 60 厘米，株距 50 厘米。

春季茭白育苗

秋季种植前茭白分株

技术来源：金华市农业科学研究院

高山茭白栽培技术

技术目标

本技术适用于长江中下游地区海拔 400 米以上的山区、半山区茭白栽培，明确了适宜高海拔地区种植的茭白品种及关键技术。优点：利用山区夏季冷凉环境，单季茭白采收期提早到 7 ～ 9 月；管理简单，经济效益好。

技术要点

（1）田块选择：在海拔 500 ～ 1 200 米的高山台地，选择土地平整、土层深厚、光照充足、有较丰富水源的田块种植。

（2）品种选择：选用早熟、优质单季茭白品种，如金茭 1 号、丽茭 1 号等。

（3）适时定植：3 月下旬或 4 月上旬宽窄行定植，宽行 90 ～ 100 厘米、窄行 50 ～ 60 厘米，株距 35 ～ 40 厘米，每 667 平方米种植 2 200 ～ 2 500 墩。

（4）施肥：基肥，一般每 667 平方米施腐熟有机肥 1 500 千克。种植前 1 ～ 2 天施耙面肥，每 667 平方米施复合肥 30～40 千克，或过磷酸钙 40 千克、碳酸氢铵 50～60 千克、氯化钾 10 千克，另加硼肥 1.5 千克。定植后 10 天施提苗肥，每 667 平方米施尿素 5～8 千克。分蘖期每 667 平方米施复合肥 15～25 千克。50% 茭墩孕茭时，667 平方米施碳酸氢铵 30～40 千克。

（5）水位管理：水层管理按"浅—深—浅"的原则，早春分蘖前期保持田间 3～5 厘米浅水；6 月中下旬分蘖后期逐步加深水层，进入孕茭期水层加深到 15～20 厘米，但不要超过"茭白眼"；采收结束后田间浅水或湿润过冬。

（6）及时间苗：遵循"去密留稀，去弱留壮，去内留外"的原则。一般苗高 30～60 厘米分 2～3 次间苗，删除瘦弱苗和多余苗，去除长势过旺、夜色过深的茭白苗，并及时补栽。第一次间苗，每墩保留 10～12 个较大分蘖，经过 2～3 次间苗，每墩保留 5～7 个大分蘖；茭白分蘖后期，及时剥除植株基部的老叶、黄叶，改善通风透光条件，促进孕茭。

（7）采收：露白时采收，每 2～3 天采收一次。

（8）病虫害防治：封行以前及时人工除草；分蘖期做好病害预防工作，重点预防锈病，同时做好胡麻叶斑病、二化螟、长绿飞虱等防治工作。针对不同病虫采用物理诱杀或高效低毒药剂防治。

高山茭白

高山茭白产品

技术来源：金华市农业科学研究院、浙江省磐安县蔬菜技术推广站

冷水茭白栽培技术

技术目标

本技术适用于长江中下游地区水库下游单季茭白的冷水灌溉栽培，明确了冷水灌溉的关键技术、肥料管理及适宜的栽培品种，采收时间提早到 7～9 月，具有反季节、管理简单、品质优良、效益突出等优点。

技术要点

（1）田块选择：选择蓄水量在 2 000 万立方米以上的水库下游，确保有充足的冷水串灌。

（2）品种选择：选择优质高产单季茭白品种，如金茭 2 号、象牙茭、八月白等。

（3）定植：3 月下旬或 4 月上旬，采用宽窄行方式种植，宽行 90～100 厘米、窄行 50～60 厘米，株距 35～40 厘米，每 667 平方米种植 2 200～2 500 墩。

（4）施肥：冷水茭白结茭早，大田生长期短，故应重施基肥，早施追肥，基肥（含耙面肥）占总施肥量的 60%。基肥，每 667 平方米施腐熟鸡粪 1 500 ～ 2 000 千克、熟石灰 50 千克，耙面肥每 667 平方米施碳酸氢铵 50 千克、过磷酸钙 25 千克、氯化钾 10 千克、硼肥 1.5 千克。定植后 10 天，每 667 平方米施尿素 5 ～ 8 千克。间隔 15 ～ 20 天，每 667 平方米施复合肥 20 ～ 30 千克。50% 茭墩孕茭时，每 667 平方米施碳酸氢铵 30 ～ 40 千克。灌溉冷水后，一般不施用追肥。

（5）水位管理：① 适时灌溉。定植后，田间保持 3 ～ 5 厘米水层促进分蘖；6 月底，即采收前 40 ～ 50 天流动灌溉冷凉水，直至孕茭。灌溉冷水的入田水温以 15 ～ 20℃ 为宜，深度 10 ～ 20 厘米为宜，既可抑制茭白植株的无效分蘖，又利于黑粉菌寄生，促进孕茭。采收期保持 10 ～ 15 厘米水层。② 冷水管理。串灌冷水要做到冷、匀、满、勤。冷，即要求串灌冷水期间，茭田流进的水温在 15 ～ 20℃，若低于 15℃，可适当减少进水量，降低田间水位；流出的水温在 23℃ 以下。匀，即要求全田冷水流动均匀，使田间水温一致，孕茭整齐。满，即要求田间冷水在保持较大流量的同时，水位要达到 10 ～ 20 厘米。勤，即要求灌溉冷水期间勤检查，避免停水对孕茭造成不利影响。

（6）采收：露白时采收，每隔 1 天采收一次。

（7）病虫防治：封行以前及时人工除草。分蘖期做好病虫害预防工作。重点防控锈病，同时做好胡麻斑病、二化螟和长绿飞虱等防治。针对不同病虫采用物理诱杀或高效低毒药剂防治。

冷水茭白

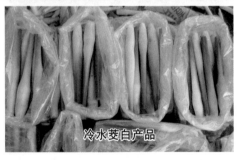

冷水茭白产品

技术来源：金华市农业科学研究院

双季茭白设施栽培技术

技术目标

该技术适宜在双季茭白主栽区示范推广，解决了双季茭白设施生产中温湿度调控及肥水管理等技术难题。设施栽培优势：上市早，夏茭采收时间比露地栽培提早 30 天以上；品质优，温度、湿度及肥水管理、病虫防控更加精准；产值高，夏茭价格优势十分明显，产值增加 20% ～ 80%。

技术要点

（1）设施类型：大棚、中棚和小拱棚 3 种，各地根据实际情况加以选择。

（2）品种选择：以夏茭早中熟品种为宜，如浙茭 911、浙茭 6 号、龙茭 2 号等。

（3）大田准备：定植前半个月施足基肥，每 667 平方米施腐熟鸡粪 1 000 千克。移栽前 2 天，每 667 平方米施碳酸氢铵 50 千克、过磷酸钙 25 千克、氯化钾 20 千克、硼锌肥 1.5 千克，整细耖平备用。

（4）秋茭栽培：①适时定植。7 月中下旬宽窄行种植，宽行90～100厘米，窄行60厘米，株距50厘米。②水位管理。前期保持10～15厘米水位，防止高温烧苗；分蘖期3～5厘米浅水促蘖；分蘖后期，搁田3～5天，抑制无效分蘖；孕茭期，保持10～15厘米水位；采收期，保持3～5厘米水位。③科学施肥。定植后10天，每667平方米施尿素5～10千克。分蘖始期，施复合肥20～25千克。以后根据植株的生长情况，追施1～2次，孕茭前半个月停止施肥。茭白采收1～2次后，每667平方米施复合肥20千克。

（5）夏茭管理：①田间清理。冬季气温降到5℃以下，茎叶枯黄半个月后齐泥割茬。②施足基肥。覆盖棚膜前3天，每667平方米施腐熟鸡粪1 000千克、复合肥25千克、氯化钾15千克。③适时盖膜。齐泥割除茎叶并施足基肥后及时盖膜。④温度调控。冬季棚内以保温为主，若棚内温度高于25℃，宜及时降温；室外温度稳定在20℃以上时，宜及时揭膜。⑤科学追肥。苗高10～20厘米时，每667平方米施尿素10千克；15天后，每667平方米施尿素15千克、氯化钾10千克；以后每隔10～15天再施1～2次，每667平方米施复合肥10～15千克。孕茭前一周停止施肥。采收1～2次后，每667平方米施复合肥20千克。⑥水分管理。施用基肥后，除孕茭期保持10～15厘米水位外，其他时期保持3～5厘米浅水即可。⑦分次间苗。株高30～60厘米时，分2～3次间苗，每墩留15～20株壮苗。

（6）及时采收：露白时及时收获。

（7）病虫防治：分蘖期做好病虫害预防工作。

双季茭白秋茭种植

双季茭白冬季齐泥割茬

双季茭白大棚夏茭

技术来源：金华市农业科学研究院

菱大棚早熟栽培技术

技术目标

该技术适宜在长江中下游冷水资源丰富的区域推广，主要为了破解菱上市迟、种植效益低等产业发展瓶颈而研发形成的新技术成果。运用新技术成果，采摘时间提早2～3个月、产量增加50%以上、经济效益明显提升。

技术要点

（1）田块选择：宜选择水源充足、水质洁净、高温季节冷水资源丰富的田块，一般宜选在水库下游。

（2）品种选择：选用早熟、优质、大果、抗病的优良品种。

（3）播前准备：播种前清除菱田中的杂物及杂草，每667平方米施用新鲜熟石灰100千克，施用复合肥10～15千克，深翻整地。

（4）播种育苗：12月中旬至翌年1月中旬准备苗床，1月下旬扣棚覆膜后播种，每平方米用种量0.5～0.7千克。播后出苗前冈棚为主。育苗田保持5～10厘米水位。2月底到3月初大棚内温度保持在13℃以上。

（5）定植：3月中旬主茎菱盘形成即可定植，每平方米2～3株。

（6）肥水管理：定植前，每667平方米施复合肥35千克、钙镁磷肥50千克。3月中下旬，植株进入旺盛生长期，施用复合肥10千克。开花结果期，根外追肥3～4次，每次间隔10～15天，叶面喷施0.2%磷酸二氢钾液。7～10月是果实采收旺季，养分需求量大，宜根据菱盘长势确定施肥量及次数，一般每月增施1次肥料，每次每667平方米施复合肥20～30千克。定植前期保持10～20厘米水位；初花后，水位增加到30～40厘米，果实采收旺季流动灌溉洁净冷水，调节水温，促进开花坐果。

（7）棚温管理：大棚内温度达30℃以上时，及时掀膜降温。室外温度稳定在20℃以上时揭膜。

（8）分盘管理：田间菱盘封行时，适时疏理菱盘，每平方米保留约15个直径30厘米以上大菱盘。

（9）采收：嫩菱采摘标准为：菱果实萼片脱落，尖角显露，果实部分硬化，用指甲掐果皮仍可陷入，此时采摘可溶性糖含量较高，菱肉脆嫩，风味甜美。老菱采摘标准为果实尖角毕露、果实充分硬化、果实与果柄连接处出现环状裂纹、易分离、放入水中即下沉。采收时轻提菱盘、轻摘果实、轻放菱盘，逐盘采摘。采后及时冲洗，注意护色保鲜，防止高温暴晒。采收初期，每3～5天采收一次；采收盛期每2天采收一次；9月以后，每5～7天采收一次。

大棚菱角播种

大棚菱角生长情况

技术来源：金华市农业科学研究院、浙江省义乌市种植业管理总站

水芹夏季遮阳栽培技术

技术目标

水芹原产中国和东南亚各国。中国的水芹产区主要分布于长江流域及其以南各省，其中江苏省是我国生产面积最大的集中产区。水芹以其嫩茎和叶柄供食用，多作炒菜和凉拌，清香味美，深受消费者欢迎。但水芹为喜凉性植物，较耐寒而不耐热，茎叶的生长适温为 12～24℃，25℃以上则生长不良。因此，传统的水芹生产和消费季节均在秋冬季和早春，春夏季水芹进入抽薹开花期，茎叶老化，不能食用。为了满足广大消费者的需要，在夏季能吃到鲜嫩的水芹，开展了水芹夏季遮阳网覆盖栽培技术的研究，每 667 平方米产量在 3 000 千克左右，产值 5 000 元以上。该技术适宜江苏省及气候相似地区夏秋水芹栽培应用。

技术要点

（1）品种选择：选择由扬州大学水生蔬菜研究室选育的耐热新品系伏芹 1 号等耐热高产品种。

（2）大田准备：选择有机质含量1.5%以上，淤泥层较厚，保水保肥能力强的微酸性土壤的水田，要有较好的排灌条件。于6月底前每667平方米施腐熟的饼肥60～80千克、尿素15千克、腐熟优质农家肥3 000千克，然后耕耙做畦，要求田土软烂，畦宽1.5～2.0米，畦沟宽30厘米，深30厘米左右，畦面和畦沟光滑平直，同时田内做好围沟和中沟，并与田外沟系相通，围沟和中沟略深于畦沟，以便随时排灌。

（3）催芽和排种：水芹夏季遮阳网覆盖栽培一般可种植两茬，第一茬于6月底排种，可不催芽，直接将水芹母茎拔起，去除腐烂老叶后洗净，切成20～30厘米的小段，间隔3厘米左右排种于畦面上，一般排种后30～40天即可上市。第二茬排种时间一般在8月10日左右，这一茬排种前需进行催芽，即在7月底把水芹母茎拔起洗净后扎成小捆，松散地堆放于避光、阴凉、通风处，堆底部用小树梗适当架空，堆上覆盖一层干净的稻草，早晚各浇一次透水，避免堆中温度过高而造成烂种，其余时间保持堆上稻草湿润。催芽期间每隔3天翻堆一次。待母茎上腋芽萌发长至2～3厘米时取出，用刀将母茎切成20～30厘米长的小段，从畦一端向另一端后退排放，并边退边抹平脚印，母茎间距3厘米左右。667平方米用种量250～300千克。排种一般选择阴天或晴天傍晚进行。排种结束后，立即覆盖遮阳网。

（4）设置遮阳设施：生产上一般利用大棚骨架或在种植田块上方设置高1.2～1.5米的阴棚，上覆遮光率65%～80%的黑色遮阳网，在晴热天气条件下，可比露地条件下降温8～13℃，极端高温天气可降温15℃以上，晴热天气中午前后可在遮阳网上喷淋凉水，增强降温效果；光照强度维持在2万勒克斯左右。

（5）水层管理：从排种至腋芽萌生的新苗生根放叶这一段时间，应保持畦面软烂湿润，畦沟内水面与畦面基本持平。水芹新苗扎根前如遇大雨，应及时抢排积水，防止母茎漂浮而致腐烂。当大多数母茎上的腋芽萌生的新苗扎根放叶时，需排干田内积水1～2天，直至畦面出现麻丝裂缝，以促进植株根系生长；以后保持3～5厘米浅水层，待植株长至20厘米左右高时，可随植株的生长逐步加深水层至10～15厘米，起降温作用。因天气炎热，水分管理应做到日排夜灌，最好在每天中午换水1次或者采用低温的井水灌溉，尤其在高温强光照天气，白天应加深水层，仅留叶片浮于水面，以降低环境温度，晚上换成浅水，促进芹菜的正常生长。

（6）追肥：夏季水芹生长期较短，一般只有30天左右，因此除重施基肥外，追肥宜早。一般排种后 10～15 天，幼苗充分扎根并具 3～4 片叶时进行第一次追肥，每 667 平方米施腐熟粪肥1 500～2 000 千克，加氮磷钾三元复合肥 20 千克；10 天后进行第二次追肥，每 667 平方米用尿素 3～5 千克溶于 1 000～1 500 千克腐熟粪肥中浇入。追肥应选择阴天或晴天傍晚进行，追肥前排干田水，追肥后隔一天恢复水层，应尽量避免将粪渣浇于叶面上，追肥后最好喷水淋洗植株，追肥还应注意不要偏施氮肥，防止水芹品质劣变。

（7）病虫害防治：夏季水芹很少有较严重的病虫害，无需用农药防治。如有蚜虫发生，只要灌深水淹没植株 1～2 小时即可防除。

（8）适时采收：水芹长至 30～40 厘米时开始采收上市，争取 1 周左右收获结束，否则极易老化。如较大面积种植应分批排种、分期上市。

水芹遮阳栽培田间排种

水芹遮阳栽培田间长势

技术来源：扬州大学

"藕带—莲子"栽培技术

技术目标

长江中下游子莲产区，一般实行一次定植，连续 3～4 年采收。从第二年开始，田间植株密度过大，需要疏苗。在春夏季采收藕带，客观上起到疏苗的作用，同时能保障莲子产量。在不增加投入的情况下，每 667 平方米藕带产量约 100 千克，效益好。

技术要点

（1）品种选择：太空 3 号、太空 36 号、建选 17 号、建选 35 号、鄂子莲 1 号（满天星子莲）等。

（2）大田定植：第一年 3 月下旬或 4 月上中旬定植，每 667 平方米用种量 120～150 支。

（3）施肥：底肥一般每 667 平方米施 $N:P_2O_5:K_2O = 15:15:15$ 的复合肥 50 千克和尿素 20 千克。追肥春季植株萌发后 25～30 天、55～60 天分别施第一次、第二次追肥，每次每 667 平方米施复合肥和尿素各 15 千克；进入莲子采收期后，每 15 天追肥 1 次，每次每 667 平方米施复合肥 10 千克、尿素 5 千克，硫酸钾 3 千克。

（4）水位管理：水深宜 15～20 厘米。

（5）辅助授粉：花期放蜂授粉，每 2.0～3.3 公顷设置 1 个蜂箱。防止农药影响蜂群活动。

（6）病虫草害防治：封行以前及时人工除草。浮萍防控可结合追肥，撒施尿素或碳铵于表面，或青苔灵等除草剂；水绵防控可用硫酸铜 0.5 千克/667 平方米，化水浇泼，晴天进行，间隔一周一次，连续 2 次。病虫害重点防治莲藕腐败病、蚜虫、食根金花虫及小龙虾等。

（7）藕带采收：从定植后第二年开始采收藕带，采收期 5 月上旬至 6 月中下旬。

（8）莲子采收：鲜食莲子于青绿子期采收，在销售当日的清晨采收，或于前一天傍晚采收，要求莲子饱满、脆嫩、甜味。老熟壳莲于黑褐子期采收，采收后露晒 5～7 天。莲壳、种皮及莲心均可采用机械去除。

子莲藕带采收

子莲大田栽培

技术来源：武汉市蔬菜科学研究所

"藕带—种用藕"生产技术

技术目标

在长江中下游的湖北、湖南等省，藕带是一种产值较高的时令蔬菜，随着藕带加工业大发展壮大，市场对藕带需求量也日益增加。利用藕莲品种种植藕带，一般比野生莲藕藕带或子莲藕带更加脆嫩、洁白、粗壮、高产。该模式可以同时采收藕带，并兼顾莲藕良种繁育，繁殖莲藕种苗。同时，该模式的市场适应性强，种植者可以根据市场行情等情况，在藕带、商品莲藕及种用莲藕之间及时选择和调整种植重点。利用藕莲品种种植藕带，一般每667平方米藕带产量可达400～600千克。

技术要点

（1）品种选择：宜选择中晚熟或晚熟品种，如鄂莲8号、武植2号等。

（2）大田定植：3月下旬或4月上旬定植。定植前，一般每667平方米施腐熟厩肥3 000千克或复合肥50～75千克及适量微肥作基肥。

（3）大田管理：保持水深 10～20 厘米，植株封行前及时除草，重点防治蚜虫。开始采收藕带后，每 15 天追肥一次，以氮肥为主，宜每次追施尿素 10 千克。

（4）藕带采收与留种：5 月下旬开始采收藕带，封行前，采收强度宜小。采收藕带时，顺带摘除过密荷叶及老弱病叶。8 月中下旬停止藕带采收，每 667 平方米追施复合肥 15 千克，促进结藕，用作翌年种藕。

采收新鲜藕带

藕带

技术来源：武汉市蔬菜科学研究所

"早藕—晚稻"栽培技术

技术目标

长江中下游流域及其以南地区，水热资源丰富，能满足莲藕和水稻两季作物生产种植需求。通过种植莲藕增加经济收入，通过种植水稻保障粮食供应，综合效益良好。

技术要点

（1）莲藕品种选择：选择早熟或早中熟品种，如鄂莲1号（8135莲藕）、鄂莲5号（3735莲藕）、鄂莲7号（珍珠藕）、鄂莲9号（巨无霸莲藕）、鄂莲10号（赛珍珠莲藕）等。

（2）莲藕定植：3月下旬至4月上中旬定植，每667平方米用种量为300～400千克。

（3）莲藕施肥：底肥一般每667平方米施 $N:P_2O_5:K_2O = 15:15:15$ 的复合肥50千克和尿素20千克。追肥定植后第25～30天、第55～60天分别每667平方米施复合肥25千克和尿素10～15千克。

（4）莲藕水深调节：水深宜10～20厘米。

（5）莲藕病虫草害防治：封行以前及时人工除草。浮萍可结合追肥，撒施尿素或碳铵于表面，或青苔灵等除草剂；水绵可用硫酸铜0.5千克/667平方米，化水浇泼，晴天进行，间隔一周1次，连续2次。病虫害重点防治莲藕腐败病、蚜虫、食根金花虫及小龙虾等。

（6）莲藕采收：6月下旬到7月中下旬采收青荷藕上市，每667平方米产量750～1000千克。

（7）晚稻种植：7月下旬栽插，按双季晚稻种植技术管理。每667平方米产量500千克。

早熟莲藕栽培（上）
与晚稻育秧（下）

早藕采收

技术来源：武汉市蔬菜科学研究所

"子莲—晚稻（泽泻）"栽培技术

技术目标

子莲采摘后期（8月中下旬），莲鞭停止生长，不再抽生花蕾，栽培上俗称"净花"。可将莲田无花立叶、残荷打除，套种一季晚稻或泽泻，提高了莲田复种指数，每667平方米可增收晚稻500千克或泽泻200千克，增加了经济效益。通过水旱轮作或冬季种植泽泻，可减轻腐败病等连作病害发生。

技术要点

1. 前作子莲栽培

前作子莲关键是加强田间管理，促进早发，在栽培上与传统种植有较大区别。

（1）品种选择：选择太空莲36号等中早熟优良品种。

（2）定植：3月中旬或3月底移栽，排种量适当加大，按株行距（130～150）厘米×150厘米定植，每667平方米排种量300～350株。

（3）肥水管理：莲田追肥要突出一个"早"

字。5月上旬莲株抽生第一片立叶时，每667平方米施尿素1.5～2千克点兜一次，第三片立叶时用肥量加倍以同样方法再施一次。5月中下旬每667平方米施尿素5千克和复合肥8千克；6月中旬至8月上旬根据植株长势，每隔15天左右追肥一次，每667平方米施尿素5千克和复合肥12～15千克。

（4）草害防治：封行前及时清除田间杂草。

2. 后作晚稻（泽泻）栽培

8月中下旬或9月上旬，莲田基本"净花"后，可适时套种一季晚稻或泽泻，栽培管理要点如下。

（1）品种选择：晚稻应选秧龄弹性大、抗逆性强的杂交晚稻品种。泽泻可选当地适应性强的品种。

（2）移栽：8月上旬（水稻）或9月上旬（泽泻）移栽。移栽前2～3天将无花立叶、残荷清除，套种水稻每667平方米基本苗10万～12万穴，泽泻6 000株左右。

（3）肥水管理：莲田套种晚稻因前作子莲施肥量大，肥力好的田块一般可以不再施肥。但田脚差的一般在插秧后5～7天结合第一次中耕追施1次即可，每667平方米施尿素5～7千克。

莲田套种水稻

莲田套种泽泻

技术来源：广昌县白莲科学研究所

子莲、空心菜套种栽培技术

技术目标

子莲前期（4～6月）植株未封行，田间空隙大，在封行前套种一季空心菜，可抑制杂草生长，提高土地利用率，增加种植经济效益。通过套种，每667平方米可增收空心菜2 000千克左右，经济效益显著。本技术适宜长江中下游的子莲产区。

技术要点

（1）品种选择：子莲应选择太空莲36号等生育期长的品种，空心菜选用耐涝耐热的大叶品种。

（2）空心菜育苗：在2月下旬至3月上旬，采用小拱棚旱地育苗，每667平方米大田需育苗66.7平方米，用种4～5千克。

播种前先在室内催芽，待30%的种子露白时及时播种，注意晴天中午棚内温度不能超过35℃，晚上保持在15℃以上。当苗长到5～7厘米时要注意浇水施肥，播种后40天左右，苗高15～20厘米即可移栽。

（3）移栽：子莲移栽时间为3月底至4月

上旬。

空心菜在子莲移栽后的 4 月上中旬进行。株行距 15 厘米×20 厘米，每株 1 苗，667 平方米栽基本苗约 2 万株。移栽时每隔 2 米留一条 30～40 厘米的过道用于生长管理。

（4）施肥：每 667 平方米施农家肥 2 000 千克以上作基肥。空心菜移栽成活后每 667 平方米施碳酸氢铵 40 千克，以后可施用碳酸氢铵、尿素或复合肥，每次每 667 平方米施肥量 30～40 千克。碳酸氢铵应从注水口溶解施入或在田间用手抓肥料沿行间洗溶施入。

（5）水位控制：在空心菜生长过程控制水位在 3～5 厘米，切忌水位忽高忽低。

（6）采收：在 5 月中下旬，当空心菜长到 40 厘米左右时进行采摘，采摘时用手掐摘为好，用刀等铁器易出现刀口部锈死。至 6 月中下旬采收结束，可采 2～3 次，之后将空心菜根茎全部拔除压入泥土中，转入子莲常规管理。

（7）病虫害防治：空心菜要注意防治白锈病和轮斑病，子莲重点防治腐败病、叶斑病、斜纹夜蛾、蚜虫等病虫害。

子莲、空心菜套种

技术来源：江西省广昌县白莲科学研究所

"双季茭白—荸荠"两年三熟轮作栽培技术

技术目标

长江中下游的茭白和荸荠经济作物产区，通过该模式提高综合经济效益。

技术要点

1. 双季茭白栽培

（1）品种选择：选用鄂茭 2 号、小蜡台、中秋茭、梭子茭、浙茭二号等双季茭白品种。

（2）大田定植：第一年 3 月中下旬至 4 月定植，行距 1.0 米，穴距 0.5 米。定植前，每 667 平方米施复合肥 50 千克、尿素 20 千克、腐熟饼肥 50 千克作基肥。保持水深 3～5 厘米。

（3）肥水管理：第一年定植后 10 天和 5 月中旬分别追肥，每次每 667 平方米施尿素 20 千克；6 月中旬每 667 平方米施复合肥 50 千克；8 月中下旬每 667 平方米施尿素 20 千克和磷酸二氢钾 5 千克。第二年 2 月，每 667 平方米施复合肥 50 千克和尿素 20 千克。茭白生长期水深宜 15～20

厘米。

（4）植株调整：7月上中旬开始辦除老黄叶。

（5）病虫草害防治：重点防治茭白锈病、茭白纹枯病及二化螟。杂草及时清除。

（6）采收：第一年9～10月采收秋茭；第二年5～6月前采收夏茭。

2. 荸荠栽培

（1）品种选择：鄂马蹄1号、鄂荸荠2号、沙洋荸荠等。

（2）大田定植：第二年7月中下旬前定植，行距50～60厘米，穴距40～50厘米。定植前，每667平方米施腐熟厩肥2 500千克、尿素15～20千克及过磷酸钙30～40千克作基肥。

（3）肥水管理：定植后15天，每667平方米施尿素10千克和过磷酸钙20千克；抽生结荠茎时，施尿素15千克；结球初期，施硫酸钾20千克。水深保持5～15厘米。

（4）病虫害防治：重点防治荸荠秆枯病、枯萎病及白禾螟。

（5）采收：第二年的12月开始采收，可以持续采收至第三年的4月上中旬。

双季茭白夏茭生长状况

荸荠定植

技术来源：武汉市蔬菜科学研究所

"西瓜（甜瓜）—荸荠"轮作栽培技术

技术目标

长江中下游地区，采用"西瓜（甜瓜）—荸荠"轮作栽培模式可以有效克服连作障碍，提高单位面积产效益。

技术要点

1. 西瓜（甜瓜）栽培

（1）品种选择：选择早熟优良品种。西瓜宜选择早春红玉、万福来、秀丽等小果型品种，以及丰乐一号、京欣二号等中果型；甜瓜宜选择鄂甜瓜6号、甜宝和银蜜等。

（2）育苗定植：3月下旬育苗，4月中旬定植。定植前，每667平方米施腐熟有机肥2 000千克作基肥。

（3）整枝理蔓：西瓜留1条主蔓和2条侧蔓；甜瓜主蔓摘心后留2～3条子蔓。

（4）选瓜留瓜：小果型西瓜每株留2～3个瓜，中果型西瓜每株留1个瓜；甜瓜每株留2～3个。

（5）肥水管理：追肥2～3次，注意做好防旱排涝工作。

（6）病虫害防治：重点防治枯萎病、霜霉病和白粉病和蚜虫等主要病虫害。

（7）采收：7月中旬前采收完毕。

2. 荸荠栽培

（1）品种选择：鄂马蹄1号、鄂荸荠2号、沙洋荸荠等。

（2）大田定植：第二年7月中下旬前定植，行距50～60厘米，穴距40～50厘米。定植前，每667平方米施腐熟厩肥2 500千克、尿素15～20千克及过磷酸钙30～40千克作基肥。

（3）肥水管理：定植后15天，每667平方米施尿素10千克和过磷酸钙20千克；抽生结荠茎时，施尿素15千克；结球初期，施硫酸钾20千克。主要生长期水深保持5～15厘米。

（4）病虫害防治：重点防治荸荠秆枯病、枯萎病及白禾螟。

（5）采收：第二年的12月开始采收，可以持续采收至第三年的4月上中旬。

西瓜定植

荸荠育苗

荸荠种植

技术来源：武汉市蔬菜科学研究所

"芡实—小麦"生产技术

技术目标

本技术适宜长江中下游的一稻一麦产区。6月上旬收获小麦，6月下旬定植芡实，8月上旬至10月底采收芡果，11月中下旬播种小麦。水旱轮作，便于操作，易于推广，可显著提高经济效益。

技术要点

（1）品种选择：芡实选择紫花苏芡品种，小麦选择郑麦9023、淮麦30等中早熟品种为宜。

（2）播栽：芡实3月下旬播种育苗，6月下旬定植大田，一般每667平方米栽120株左右；小麦11月中下旬播种，因为播期较迟，每667平方米的播种量要加大到20千克左右。

（3）施肥：种芡实的底肥一般每667平方米施腐熟厩肥3 000千克，或用50千克45%复合肥加20千克尿素，分期追肥2～3次。小麦可不施基肥，开春后视苗情进行追施。

（4）管理：芡实生长前期水位保持10厘米浅水，以增温促进芡叶早封行，开花结果期水深宜

40厘米左右，后期气温下降可适当降低水位。

（5）采收：芡果8月上旬即可采收，要根据芡果成熟情况及时采收，及时加工成芡米，及时销售。前期建议以手工加工为主，后期以机械加工为主，因为目前芡米加工机械的破损率比较高。

（6）留种：芡种要选留果实饱满、圆整、籽粒多、种仁大的植株，采收其第三穗到第五穗的果实。直接将芡果放在编织袋中，然后放入河水中，用淤泥盖住，注意定期检查。

（7）控水：为了保证小麦及早播种下去，及时有效地排水是关键，芡实采收结束后要及时开沟降水，开沟的密度适当大一些。

（8）病虫害防治：芡实苗期要注意防治蚜虫、食根金花虫、椎实螺等虫害。封行以前要及时人工除草，尤其是控制绿萍。采收期间要注意防治叶瘤病。小麦重点做好化学除草和赤霉病的防治。

芡实果实

芡实采收

技术来源：江苏省洪泽县水产局

"莲藕（子莲）—鱼"种养技术

技术目标

长江中下游流域莲藕（子莲）种植面积大，在子莲田间套养鱼类，不仅有利于农田生态环境的保持，而且子莲种植与鱼类套养有相互促进作用。在不增加过多投入的情况下，能显著增加子莲田间综合效益。一般每 667 平方米子莲田，套养鱼产量约 50 千克。

技术要点

（1）适宜套养：鲫鱼、鲤鱼、鲇鱼、鳊鱼、罗非鱼、黑鱼、泥鳅、鳝鱼等。

（2）田间设施：加宽加高田埂，宽 1 米以上、高 0.4 ～ 0.5 米以上。进排水口设置防逃设施，出水口设置平水缺调节水位。田间开挖相互贯通的鱼沟，鱼沟"十"字形，或"非"字形，或"丰"字形，或"田"字形，或"井"字形，间距 5 米左右，与鱼溜连通。鱼溜深 0.8 ～ 1 米，面积宜为田块面积的 2% ～ 3%，或开挖相同面积的围沟。

（3）田间消毒：放养鱼之前 10 ～ 15 天，每

667 平方米宜用 75～100 千克新鲜生石灰或 15 千克茶籽饼消毒。

（4）鱼种放养：主养鱼（主体鱼）与配养鱼（搭配鱼）的比例为（7～8):(3～2)，规格 5 厘米以上。主养鲤鱼时，每 667 平方米放养鲤鱼 80 尾，草鱼和罗非鱼各 60 尾；主养罗非鱼时，每 667 平方米放养罗非鱼 210 尾，草鱼和鲤鱼各 45 尾；养殖泥鳅时，每 667 平方米放养体形好、个体大、无病无伤的成鳅 10～15 千克（雌雄比例 1:1.5）；养殖鳝鱼时，每 667 平方米放养 20～30 尾/千克规格的鳝苗 800～1 000 尾。鱼苗放养前，宜用 3% 食盐水浸浴 8～10 分钟消毒。

（5）莲藕（子莲）田间管理：莲藕（子莲）套养鱼类时，施肥应以基肥为主，追肥为辅；以有机肥为主，无机肥为辅。有机肥应腐熟后施用。每 667 平方米每次追肥施用量不宜过大，有机肥不超过 500 千克，硫酸铵不超过 15 千克，尿素不超过 10 千克，硝酸钾不超过 7 千克，过磷酸钙不超过 10 千克。宜将田块分为两半，间隔数日分块施肥。农药应选择低毒高效农药，禁用鱼类敏感农药。其他管理与常规管理相同。

藕田四周开挖养鱼用围沟

莲—鱼种养结合

技术来源：武汉市蔬菜科学研究所

"茭白—中华鳖"种养技术

技术目标

本技术适宜单（双）季茭白产区。茭白田套养中华鳖模式，既能有效控制福寿螺为害，又能显著增加茭白田产值，实现"减肥、减药、控害、提质、增效、生态"目标。3月中旬至4月上旬移栽（定植）茭白，4月到5月上旬选择晴天放养中华鳖，双季茭白6月采收夏茭、10～11月采收秋茭，单季茭白7～9月采收，12月开始捕捞中华鳖。

技术要点

（1）茭白田改造：面积较小茭白田，在田块四周开沟；面积较大茭白田，除在四周开边沟外，在田块中再挖一条"十"字型中间沟，边沟浅、窄，中间沟深、宽，边沟宽70～80厘米，深40～50厘米，中间沟宽120～150厘米，深50～60厘米。田边设置饵料台，且与水面成30°～45°斜坡，田中央每隔8～10米堆一个土墩，要有一定坡度，便于中华鳖上岸活动。田块四周用钙塑板、石棉瓦等材料围成防逃墙，上端高出田埂0.8米，下端埋入泥中0.3米，并用木桩固定，或者直接用水泥墙围成防逃墙，顶部压沿内伸15厘米，围墙和压沿内壁涂抹光滑；茭白田的进水口、出水口建两道防逃栅，必须用铁丝网或塑料网做护栏。

（2）放养前消毒：茭白田在放养前7～14天事先用8～10千克生石灰进行消毒，中华鳖用0.01%高锰酸钾或3%盐水浸泡消毒5分钟。

（3）放养时间：茭白移栽成活后即可放养鳖苗。

（4）放养规格和数量：鳖种要求在200～250克/只，大小要均匀，每667平方米放养150～180只。

（5）投放活饵料：少用或不用人工饲料，可投放一些田螺、泥鳅、鱼或青虾等，投喂时做到定时、定位、定质、定量；田间适当放养绿萍可供中华鳖、泥鳅食用。

（6）田间管理：水质、水温影响大，注意控制水位、调节水温，防止蛇鼠鸟为害，及时补充活饲料。施肥应以基肥为主，追肥为辅，以腐熟的有机肥为主，无机肥为辅。尽量使用农业、物理和生物防治等非化学措施，必要时选择高效低毒农药进行叶面喷雾。

茭白田中间开沟、堆土墩

田块四周开沟、设置饵料台

防逃（偷）设施

茭白田捕获的中华鳖

技术来源：浙江省农业科学院植物保护与微生物研究所、余姚市农业科学研究所

第三章
病虫草害防治技术

莲缢管蚜防治技术

为害特征

（1）形态特征：卵椭圆形，长0.55～0.71毫米，宽0.3～0.39毫米。若蚜体小，多数4龄，少数3龄或5龄。成蚜棕色、褐色、褐绿至黑褐色；触角6节，第三节上生有21～23个圆形次生感觉圈，足黑色，翅面透明，体侧具乳头状突起，腹管缢管形，尾片近圆锥形，具3对长毛。

（2）发生规律：全年发生25～30代，世代重叠现象明显。该虫趋向于为害幼叶，如初生立叶、浮叶，亦为害叶柄和花蕾。为害较轻时，叶片呈现黄白色斑痕；为害较重时，叶片枯黄、叶柄变黑、花蕊枯干。在越冬寄主上，4月下旬至5月上旬为发生高峰期；在夏寄主上，6月下旬至7月初为第一次发生高峰，8月下旬至9月中旬为第二次高峰，当湿度低于80%时，成虫寿命及繁殖率显著下降。

防治技术

（1）农业防治：及时清除田间浮萍、绿萍等水生植物；合理控制种植密度，降低湿度和田间郁闭度；及时调节田间水深，合理施用氮肥，适当多施磷钾肥，提高植物抗虫性。

（2）物理防治：4月下旬有翅蚜始迁至夏寄主及10月中旬迁回冬寄主时，可利用黄板诱杀有翅蚜；或4月下旬开始在田间张挂银白色条状物，趋避迁飞的有翅蚜。

（3）生物防治：保护利用瓢虫、食蚜蝇、草蛉、蚜小蜂、蚜茧蜂等自然天敌，施用蚜霉菌等微生物制剂；条件允许下开展人工繁殖及释放天敌。

（4）化学防治：当田间有蚜株率达到15%～20%，或每株上蚜量超过1 000头时，可选用1%苦参碱水剂600～800倍液，或3%啶虫脒乳油1 500～2 000倍液，或10%吡虫啉可湿性粉剂1 000～1 500倍液，或70%吡虫啉水分散粒剂10 000倍液，或50%灭蚜松乳油1 000倍液喷雾。喷施农药应全面周到，喷药前可在药液中添加少许洗衣粉，增加其黏着性。

注意事项

因为莲藕水生的特性，施药时要注意使用低毒低残留的农药。

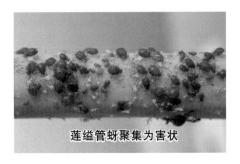

莲缢管蚜聚集为害状

技术来源：湖南农业大学

斜纹夜蛾防治技术

为害特征

斜纹夜蛾幼虫主要为害莲叶、莲花、子房、嫩莲子等地上部分。幼虫孵化后 1～2 龄群集为害，莲叶呈纱窗状；3 龄后分散取食，莲叶呈缺刻状；4～5 龄是暴食阶段，莲叶、莲花、子房、嫩莲子等都能被取食，严重时整株只剩下枝干和主脉。一般 7～8 月发生量最大，为害最严重。

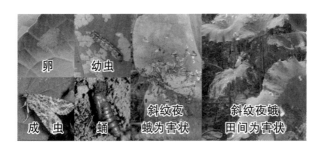

卵　幼虫　成虫　蛹　斜纹夜蛾为害状　斜纹夜蛾田间为害状

防治技术

（1）农业防治：于 5 月初在莲藕田四周种植 3 行大豆，植株间距为 20 厘米，行距为 30 厘米。

斜纹夜蛾在大豆上为害严重时，适当喷洒农药进行防治。为了最大程度发挥其诱集作用，诱集植物的种植和旺长时期应与莲藕斜纹夜蛾发生时期一致。

（2）物理防治：选用波长为365纳米的太阳能杀虫灯（功率12伏/8瓦，太阳能电池板15伏/12瓦），灯具安装高度为1.5米，有效范围为10 000平方米1台，6月下旬到10月下旬开灯，建议每晚19时开灯，次日6时关灯。注意及时清刷高压触杀网和接虫袋，清刷时需关闭电源。杀虫灯与性诱剂配合使用，可大大提高诱杀虫量。

（3）生物防治：在莲藕田周围悬挂诱捕器，每只诱捕器安装1枚诱芯，并在接虫器中装入适量的肥皂水。诱捕器间隔约50米，悬挂高度以1.5米为佳。注意及时清理接虫器中的斜纹夜蛾，在发生高峰期每2天清理一次，清理后重新加入适量肥皂水，每隔45天更换一次诱芯。

（4）化学防治：5%氯虫苯甲酰胺悬浮剂1 500倍液或15%茚虫威悬浮剂3 500～4 500倍液喷雾，施药时可根据性信息素诱捕或灯光诱杀的虫量来判断斜纹夜蛾的发生，在成虫发生高峰3～4天后，低龄幼虫未分散前施药防治，交替使用不同类型药剂，不必全天用药；由于药液不易附着在莲藕叶片上，所以喷药时可在药液中加入 1% 的肥皂水，以提高药液在莲藕叶上的黏着性。

性信息素诱捕

灯光诱杀

诱集植物的利用

技术来源：华中农业大学

食根金花虫防治技术

为害特征

（1）形态特征：卵长椭圆形、稍扁平，呈香蕉状，长约1毫米，表面光滑，常聚集成规则的块状。初产时乳白色，孵化前为淡黄色，卵上覆盖有白色透明胶状物质，将其粘附在叶片上。高龄幼虫长9～11毫米，蛆形，乳白色，头部很小，胸腹部肥大且稍弯曲呈纺锤形，具3对胸足、无腹足，尾部具1对褐色爪状尾钩。蛹长约8毫米，表面包裹有胶质薄茧。成虫体长5～9毫米，深褐色，具铜绿金属光泽，触角11节，黄褐色、丝状、短于体长；鞘翅较发达，具平行纵沟和刻点，翅端缘切平，腹部可见5节，末端臀板外露，各足腿节端部肥大，各节基部和端部分别为黄褐色和黑褐色。

（2）发生规律：年发生代数不明。在长沙地区，成虫于4月中下旬开始出现，持续至10月上旬，7月下旬为发生高峰，具体的各虫态发生规律还有待于进一步研究。

防治技术

（1）农业防治：为害较轻的藕田，及时清除田间杂草，减少其产卵场所；为害较重的藕田，利用幼虫在土中越冬的特性，冬季排干田水、冬耕冻垄，春季栽藕前，每公顷藕田撒 50 千克石灰，灭杀越冬幼虫；为害极为严重的藕田，进行轮作换茬，改种其非寄主植物，如油菜等。

（2）生物防治：利用藕田综合套养泥鳅、黄鳝，保护利用青蛙、蟾蜍、鸟类等捕食性天敌，可降低其为害。

（3）化学防治：在成虫发生盛期，可用 70%吡虫啉水分散粒剂 2 000 倍液，90% 敌百虫晶体800 倍液喷雾防治或每亩用 5% 氯虫苯甲酰胺悬浮剂 30 毫升，拌细土 20 千克均匀撒施。

注意事项

莲藕生长在水中，冒然施药易污染水源、为害水生生物，使用化学防治时应注意使用低毒低残留的农药。

食根金花虫卵

食根金花虫幼虫

食根金花虫蛹

食根金花虫成虫

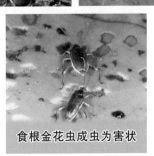

食根金花虫成虫为害状

技术来源：湖南农业大学

二化螟防治技术

为害特征

（1）形态特征：成虫体长 14～16.5 毫米，触角丝状，前翅灰黄色，近长方形，沿外缘具小黑点 7 个；后翅白色，腹部灰白色纺锤形。卵长 1.2 毫米，扁椭圆形，卵块由数十至 200 粒排成鱼鳞状，乳白色至黄白色或灰黄褐色。幼虫一般 6 龄，老熟时体长 20～30 毫米，头淡褐色，体灰白色，背面有 5 条紫褐色纵线。

（2）发生规律：一年发生 2～3 代，高山地区第一代即为主害代，平原地区 2 代和 3 代为主害代；以 4 龄以上幼虫在稻桩、稻草中或茭白的茎秆内、杂草丛、土缝等处越冬。次年春天气温高于 11℃时开始化蛹，4 月初至 5 月底越冬代羽化。初孵幼虫在叶鞘表皮下群集为害，枯鞘上形成大小不等的梭形黄斑，枯鞘内壁可见蛀孔；幼虫稍大后分散钻入深层叶鞘或茭肉中取食，粪便不外露；被蛀叶鞘或肉质茎可见虫孔，剥开可见大量淡黄色虫粪。

防治技术

（1）农业防治：冬季清除田边杂草和田内的茭白残株，集中沤肥，以降低二化螟的越冬基数；灌水杀蛹，即在二化螟越冬代化蛹初期采用烤、搁田或灌浅水，以降低化蛹的部位，进入化蛹高峰期时，突然灌深水 10 厘米以上，经 3～4 天，大部分老熟幼虫和蛹会被淹死。

（2）化学防治：掌握幼虫孵化盛期至低龄幼虫期的防治关键时期，在二化螟 1 代多发生地区，要做到狠治 1 代；在 1～3 代为害重地区，采取狠治 1 代，挑治 2 代，巧治 3 代。幼虫孵化期至 1 龄末期选用 20% 氯虫苯甲酰胺悬浮剂 3 000 倍液，50% 杀螟松乳油 1 000 倍液或 90% 敌百虫晶体可溶性粉 500 倍液。

注意事项

茭白封行后，喷雾需喷到茎秆中下部。

二化螟幼虫

二化螟为害状

技术来源：华中农业大学

长绿飞虱防治技术

为害特征

（1）形态特征：长绿飞虱卵长 0.7～1.0 毫米，宽约 0.24 毫米，茄型，略弯曲，初产时乳白色，后一端变黄色。若虫 5 龄，体披白色蜡粉或蜡丝，初孵若虫为乳白色，随生长发育体色逐渐变深，3 龄后体色转变成绿色，5 龄后体长可达到 4 毫米。成虫连翅体长有 5～7 毫米，绿色或蓝绿色，头顶尖而长，显著地突出于复眼前，翅半透明，前翅长，远远伸出腹部末端，雌虫外生殖器分泌有白绒状蜡粉物。

（2）发生规律：长绿飞虱以成、若虫刺吸茭白汁液，被害叶出现黄白色至棕褐色斑点。排泄物覆盖叶面形成煤污状，雌虫产卵痕初呈水渍状，后分泌白绒状蜡粉，出现伤口后失水，成片枯死。

防治技术

（1）农业防治：秋茭收获后，割除茭白、野茭白烧毁；翌年春季 3 月再全面清除一次，把残留的枯叶烧毁或浸入河塘水中；老茭田灌水 3～5

天，以淹杀越冬卵。

（2）物理防治：田间管理时，及时摘除卵块，集中烧毁。

（3）生物防治：保护寄生蜂、蜘蛛、草蛉、瓢虫、青蛙等天敌。

（4）化学防治：喷洒10%吡虫啉可湿性粉剂2 500倍液、50%杀螟松乳油1 000倍液、20%噻嗪酮乳油2 000倍液或3%啶虫脒乳油1 200倍液。

注意事项

因为茭白水生的特性，施药时要注意使用低毒低残留的农药。

长绿飞虱若虫

长绿飞虱成虫

长绿飞虱产卵痕

长绿飞虱卵

长绿飞虱为害状

技术来源：华中农业大学

荸荠白禾螟防治技术

为害特征

（1）形态特征：成虫翅展23～42毫米，通体白色，仅雌蛾臀鳞丛棕褐色，雄蛾后翅内侧暗褐色；臀鳞丛棕褐色，雄蛾后翅内侧暗褐色。卵近圆形，约0.15毫米×0.12毫米，覆有棕褐色绒毛。初孵幼虫头与前胸背板棕褐色，具光泽，其余部分暗黑色；老熟幼虫体长15毫米，黄白色略带灰色。蛹长13～15.5毫米，宽2.8～3.4毫米，圆筒形，初期乳白色，逐渐变为淡黄色，复眼褐色。

（2）发生规律：1代发蛾高峰期，发生在荸荠的出苗期，绝对虫量不大，其来源主要是田边杂草越冬寄主。2代发蛾高峰期，发生在荸荠苗期，绝对虫量不大。3代发蛾高峰期，发生在荸荠移栽1周后。4代发蛾高峰期发生在荸荠成熟后。

防治技术

（1）农业防治：清除田边杂草，消灭各种越冬虫源。

（2）物理防治：及时人工清除卵块。荸荠移栽1周后开始。将杀虫灯悬挂于电杆或木杆上，灯管下端距地面固定高度1.5米。傍晚开灯，放置虫袋，使诱集过来的昆虫撞于电网上电击而死落于下面的接虫袋中。次日清晨关灯，每盏灯之间间距25米。开灯持续2周即可。

（3）化学防治：在低龄幼虫尚未钻蛀之前施药，可选80%杀虫单粉剂1 000倍液、20%氯虫苯甲酰胺悬浮剂3 000倍液、20%氟虫双酰胺悬浮剂3 000倍液。

注意事项

因荸荠水生的特性，施药时要注意使用低毒低残留的农药。

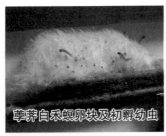

荸荠白禾螟卵块及初孵幼虫

荸荠白禾螟成虫

荸荠白禾螟幼虫蛀食荸荠茎秆

灯光诱杀荸荠白禾螟成虫

技术来源：华中农业大学

菱角萤叶甲防治技术

为害特征

（1）形态特征：成虫初羽化时黄色，后渐变成灰褐色，披白茸毛，触角丝状，复眼突出，黑褐色。在菱角叶表面化蛹，蛹初期亮黄色，后变成橙黄色和黄褐色。卵橘黄色，10～30粒聚在一起。初乳幼虫黑色，紧帖在叶表面不活动，不易察觉。

（2）发生规律：该虫在长江流域年发生6～8代，世代重叠，以成虫在茭草、芦苇等残茬或土缝中越冬。翌年3月中旬天气转暖后，越冬成虫开始活动。全年以6月中旬至7月中旬、2～3代时虫口数量多，为害最重，时值菱盘开花结果期。以幼虫和成虫啃食菱角叶肉为害，低龄幼虫啃食叶肉剩下下表皮，高龄幼虫和成虫啃食叶肉片形成缺刻或孔洞，为害严重时叶片仅剩主脉而枯死。

防治技术

（1）农业防治：秋后及时处理老菱盘，用作饲料或堆肥以压低越冬虫口基数；铲除岸边杂草，亦有助于压低越冬成虫基数。

（2）化学防治：菱叶受害初期，及时喷药防治，选用90%敌百虫晶体1 000倍液或20%氯虫苯甲酰胺水分散剂3 000倍液喷雾。

注意事项

因菱角水生的特性，施药时要注意使用低毒低残留的农药。

菱角萤叶甲成虫和蛹

菱角萤叶甲为害状

技术来源：华中农业大学

菱角水螟防治技术

为害特征

（1）形态特征：卵球形，中心棕褐色，四周棕黄色。幼虫椭圆形，前口式，共5龄，2龄以上幼虫具气管鳃。低龄幼虫头前半部呈黄色并具褐色斑点，体透明，呈淡绿色。老熟幼虫头为黄棕色，上有褐色斑点，体黄色透明。幼虫常聚集为害。蛹为通体黄色的被蛹，覆盖有半透明丝织的防水椭圆形茧。成虫具灰白相间的丝状触角，触角长度为体长的2/3；前胸背板黑灰色；中胸背板具黑灰色长毛区；后胸背板黄褐色；前翅灰白色，布满黑色小点，腹部狭长且末端尖；背部白色、黑色、棕褐色交替分布；足细长、灰白色。

（2）发生规律：全年发生4～5代，有世代重叠现象，以老熟幼虫在荇菜等水生植物上越冬，次年4月中下旬老熟幼虫开始化蛹，成虫始见于4月下旬。全年有多次发生高峰，第一次出现在5月中下旬，第二次为6月下旬，第三次高峰为7月中下旬，以第二次高峰虫量最大。进入9月下旬之后，陆续进入越冬状态。该虫主要以幼虫取食为害菱角、荇菜、眼子菜等水生植物叶片，其中以为害菱角尤为严重。幼虫喜用胶状物将叶片四周连接成袋状，藏身于其中取食，取食完毕后，会转移至相邻叶片继续为害，造成寄主叶片不完整。

防治技术

（1）农业防治：秋收后，及时处理田间及靠近水源的绿萍，破坏其越冬场所，消灭其越冬虫源。

（2）物理防治：发生早期可人工摘除被产卵的叶片，或安装频振式杀虫灯夜间诱杀成虫。

（3）生物防治：保护赤眼蜂等寄生性天敌。

（4）化学防治：幼虫聚集在一起取食为害时，喷洒 50% 杀螟松乳剂 800 ～ 1 000 倍液或 90% 敌百虫晶体 1 000 倍液进行防治。

注意事项

因为菱角水生的特性，施药时要注意使用低毒低残留的农药。

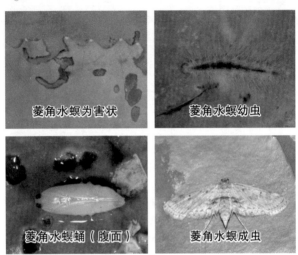

菱角水螟为害状　　　菱角水螟幼虫

菱角水螟蛹（腹面）　　菱角水螟成虫

技术来源：湖南农业大学

莲藕腐败病防治技术

症状识别与发生规律

该病主要为害地下茎和根部，并造成地上部叶片和叶柄枯萎。地下茎发病早期外表没有明显的症状，但将地下茎横剖，在藕节上可观察到蛛丝状菌丝体和粉红色黏质物。发病后期病茎上有褐色或紫黑色不规则病斑，重病茎腐烂或不腐烂，不腐烂的发病部位一般呈现出纵皱状。病茎初生的叶片叶色淡绿，并从整个叶缘或叶缘一边开始发生清枯状坏死，似开水烫过，最后整个叶片卷曲枯萎死亡。发病严重时，全田大部分叶片受害，一片枯黄，似火烧状。

引起该病害的主要病原菌是镰刀菌属真菌 [*Fusarium oxysporum Schl.f.sp. nelumbicola (Nis.&Wat.)Booth*]。病菌可在种藕或随病残体遗留在土壤中越冬，成为初侵染源。腐败病的远距离传播主要是带菌的藕种，近距离的局部传病主要是农事操作、水流及地下动物活动等。受伤藕根、藕节或生长点是病原再次侵染的主要途径。莲藕整个生育期均可发病。

莲藕腐败病受害茎横切面

莲藕腐败病受害茎表面

病莲叶缘水浸状
青枯及卷曲

病莲叶片反卷死亡

子莲（左）、藕莲（右）腐败病全田症状

腐败病从4～5月新移栽藕到收藕期均可发生，7～8月为盛发期，发病适宜温度为20～30℃。一般种植深根性品种，生长期间日照少、阴雨天或暴风雨频繁，土壤酸性大、通透性差、单施化肥或偏施氮肥，以及食根金花虫为害严重的藕田，病害较易发生。

防治技术

（1）种藕消毒：在藕种植田中，每亩建4个水凼，规格为1.5米×2米×30厘米，每池内放药剂99%噁霉灵原粉和50%多菌灵可湿性粉剂，使得噁霉灵终浓度为3 000倍液，多菌灵终浓度为1 000倍液，再放入种藕40枝，浸泡24小时消毒。

（2）藕田消毒：连作藕田每3年，结合翻耕整地，按每667平方米80千克生石灰＋5千克硫黄粉的用量满田撒施消毒，翻地耙平后，再施水3～5厘米，让水自然渗透入田。对于连作田，还可田间覆水15～20厘米越冬，能有效减少初侵染腐败病菌源。

（3）病害预防：在田间进行藕枝清理用99%噁霉灵粉剂3 000倍液＋50%多菌灵可湿性粉剂1 000倍液进行灌蔸以防止病原菌从伤口侵入；在施立叶肥时，在肥料中加撒99%噁霉灵原药，施药时田中水位应控制在 2～3 厘米。

（4）病害防治：初发现病株时，立即拔除，用围堰将病区隔离，并对围堰区域用 99% 噁霉灵粉剂 3 000 倍液 +50% 多菌灵可湿性粉剂 1 000 倍液进行灌穴消毒。田间发病较重时，用 50% 多菌灵可湿性粉剂 500 克或 99% 噁霉灵粉剂 100～150 克，拌细土 25～30 千克，堆闷 3～4 小时后撒施于浅水藕田中。3 天后再用甲基托布津，或硫黄多菌灵或多菌灵或噁霉灵等药剂，喷洒叶面和叶柄。每隔 6 天喷雾 1 次，连续防治 2～3 次。

技术来源：湖南省农业科学院

莲褐斑病防治技术

症状识别与发生规律

该病害主要为害叶片，从浮叶开始就可受害。发病初期，受害叶片叶缘常出现弧形或"V"形褐色斑，叶面则出现近圆形、黄褐色的小斑点，后逐渐扩大成圆形至不规则形的褪绿色大黄斑或褐色枯死斑，病斑边缘明显，四周常具明显的黄色晕圈。后期多个病斑相连融合，致使叶片呈现大块焦枯斑，常造成叶片穿孔；严重时除叶脉外，整个叶片上布满病斑，致半叶或整叶干枯死亡，田间湿度大时病斑表面还会出现黑色霉点。

病原为链格孢属真菌[*Alternaria nelumbii (Ell. et Ev.) Enlows et Rand.*]。病菌以菌丝体和分生孢子在莲藕病残体上或种藕株上存活和越冬，第二年春季条件适宜时产生分生孢子，借风雨传播进行初次侵染，病原菌的潜育期很短，侵染后植株2～3天就可发病。发病后病部又产生分生孢子传播进行再侵染。

莲藕植株长出浮叶时就可受害，但以7月、8月高温多雨季节发病最为严重。一般藕田水温高于35℃，或偏施氮肥，或蚜虫等害虫为害猖獗的深水田更易发病。

浮叶受害症状

立叶发病初期症状

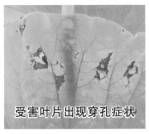

受害叶片出现穿孔症状

发病后期多个病斑相连融合

防治技术

（1）轮作：有条件的最好实行2年以上的轮作。

（2）加强田间管理：合理密植，改善通风透光条件，施足腐熟有机肥，增施钾肥，避免偏失过量的氮肥；高温季节注意水分管理，尽量将水温控制在35℃以下；及时清理销毁病叶，但需注意不要折断叶柄，以免雨水或塘水灌入叶柄通气孔，引起地下茎腐烂；收获莲藕前采摘病叶，带出藕田集中深埋或烧掉，以减少下年的初侵染源；在大风、暴雨来临前，把藕田水灌足、灌深，防止狂风造成伤口。

（3）化学防治：在浮叶完全展开时，每667平方米藕田用50%多菌灵可湿性粉剂500克，拌细土25～30千克，堆闷3～4小时后撒施于藕田中，对病害的发生具有较好的预防作用；发病初期可采用下列杀菌剂进行喷雾防治：40%氟硅唑乳油，或50%多菌灵可湿性粉剂，或25%醚菌酯悬浮剂，或25%丙环唑乳油，或80%乙蒜素乳油按规定剂量，视病情间隔7～10天喷1次。

技术来源：湖南省农业科学院

芋花叶病防治技术

症状识别与发生规律

田间芋种植区芋病毒病发生普遍，主要为害叶片；芋从苗期（4月）到收获期（11月）的整个生长期内均可表现出病毒病症状，其中在生长盛期（6月、7月和8月）症状表现最为明显。症状表现主要有花叶、羽状斑驳、零星的羽状斑驳、褪绿斑点、黄化、畸形皱缩、植株矮化，严重时导致茎秆坏死。另外，母本带毒产生的后代植株病毒症状随年限延长导致病毒累积量增加而加重，植株会出现严重衰退和矮化。病原为 *Dasheen mosaic virus*（DsMV），属于马铃薯 Y 病毒科（*Potyviridae*）、马铃薯 Y 病毒属（*Potyvirus*）成员之一。

防治技术

（1）田间栽培管理：及时清除田间发病芋植株或种球。采用隔离网对阻断芋病毒病田间传播也具有一定的防治作用。

脉间黄化　　　　叶脉皱缩

叶片向上卷曲　　　羽状花叶

褪绿斑块　　　　褪绿斑点

（2）化学防治：定时喷杀虫剂杀死田间传播媒介——蚜虫和粉蚧；30%毒氟磷可湿性粉剂500倍液对芋病毒病具有较好的防治效果。

（3）培育和栽培无病毒苗：开展芋病毒病脱除工作（如采用化学制剂、高温处理结合茎尖脱毒的方法）获得无病毒苗组织快繁进行培育无病毒母本苗，建立无病毒种苗基地，生产无病毒苗，推广芋无病毒化栽培和种植。

注意事项

该病毒一经感染就会传播至球茎，母球茎带毒下一代的子球茎也会感染毒，种植以及种质资源的交换一定要快速准确检测，明确其带毒状况。

技术来源：华中农业大学

芋疫病防治技术

症状识别与发生规律

芋疫病主要为害叶片、叶柄和球茎。叶片上初生黄褐色圆形小斑，扩大后有同心轮纹，湿度大生稀疏白霉，并有淡黄色小液滴溢出。许多病斑相连时会使病叶变黑加速腐烂，以至最后仅剩下叶脉。叶柄染病出现大小不等、形状不规则的黑褐色病斑，四周组织褪绿，若病斑环绕叶柄，可造成病部折断，叶片萎蔫。芋头染病时，部分组织变褐腐烂，严重时整个芋头腐烂。

防治技术

（1）选种：选用高产抗病品种，选留无病种芋。

（2）轮作：实行 1～2 年轮作，及时铲除田间零星芋株，收集病残物深埋或烧毁。

（3）加强田间管理：合理施肥，不偏施氮肥，增施磷、钾肥和农家肥；深沟高畦种植，注意开沟排水，改善田间通风透光条件，及时摘除病叶，减少菌源。

（4）药剂防治：在发病初期及时用药防治。

可选用 25% 甲霜灵可湿性粉剂 600～700 倍液，70% 乙膦·锰锌可湿性粉剂 500 倍液，或 64% 恶霜灵·代森锰锌 500 倍液喷雾，每隔 7～10 天喷 1 次，连续 3～4 次。

芋疫病叶柄症状

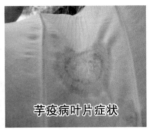

芋疫病叶片症状

技术来源：武汉市蔬菜科学研究所

茭白胡麻叶斑病防治技术

症状识别与发生规律

茭白胡麻叶斑病在茭白整个生长期均可发生，主要为害叶片。叶斑初为褐色小点，后扩大为椭圆形病斑，边缘深褐色，中部黄褐色至灰褐色，大小和形状如芝麻粒，所以称为胡麻叶斑病。病斑周围常有黄色晕圈，湿度大时斑面生暗灰至黑色霉状物（病菌分生孢子梗及分生孢子）。发病严重时，病斑密布，相互连接成不规则形大斑，终致病叶枯死。

防治技术

（1）清园：结合冬前割茬，收集病残老叶集中烧毁，减少菌源。

（2）轮作：茭白连续种植几年后应换田轮作，避免茭白残根过多腐烂缺气及肥力衰退板结，还可避免病菌累计过多，病害严重。

（3）加强肥水管理：做好冬季施腊肥，春施发苗肥，特别注意增施磷钾肥和锌肥，适时适度晒田，提高根系活力，增强茭株抵抗力。

（4）化学防治：发病前或发病初期喷施25%咪鲜胺乳油1 000～1 500倍液，或30%苯醚甲·丙环乳油3 000倍液、或25%丙环唑乳油3 000倍液、或40%异稻瘟净乳油600倍液，隔10天1次，连续防治2～3次。

茭白胡麻叶斑病叶面症状

茭白胡麻叶斑病叶背症状

技术来源：武汉市蔬菜科学研究所

荸荠秆枯病防治技术

症状识别与发生规律

荸荠秆枯病又称"荸荠瘟"，该病主要为害叶状茎秆和叶鞘，花器、鳞茎等部位也可受害。初期在茎秆上产生圆形或不规则形暗绿色或浅褐色病斑，之后逐渐扩展成梭形，病斑中间黑色或黑褐色，外围黄色或褐色，病斑进一步扩展连片，病组织变软凹陷，形成中间灰白色、外围黄褐色的枯死斑，其上生黑色点或黑短线条点；干燥后区域较多的枯死斑相互愈合，重者可使全秆枯死，甚至使全株枯死倒伏。病原为 *Cylindrosporium eleocharidis*，属无性孢子类柱盘孢属荸荠柱盘孢菌。

防治技术

（1）抗病品种和无病种球：因地制宜地选择抗病品种，如杨店荸荠和宝应荸荠。建立无病留种田，选用无病种球。

（2）田间栽培管理：收获后及时清除田间病残体，并集中带出田外销毁，减少次年初侵染源；发病田块适时换水，避免串灌、漫灌和长期深灌；

施足基肥，增施有机质肥和磷钾肥，避免偏施或过施氮肥，有利于减轻病害。

圆形斑点症状　梭形病斑症状　病斑扩大症状　枯死斑症状

（3）化学防治：在育苗前采用 25% 多菌灵可湿性粉剂 500 倍液或 10% 苯醚甲环唑水分散粒剂 1 000 倍液对球茎作浸种处理，旱地育苗结束后，用 250 克/升嘧菌酯悬浮剂 2 000 倍液或 10% 苯醚甲环唑水分散粒剂 1 000 ～ 2 000 倍液对幼苗作浸根处理。移栽大田后，于发病初期喷施 10% 苯醚甲环唑水分散粒剂 1 000 倍液和 250 克/升嘧菌酯悬浮剂 1 000 倍液控制该病害，7 ～ 10 天喷施 1 次，共施药 3 次。

注意事项

由于荸荠秆枯病菌在球茎上带菌率较高，在种植前需高度重视种球药剂处理；田间药剂喷雾时，应在发病初期或根据往年经验在未显症时喷雾，防治效果更佳。

不同品种对荸荠秆枯病的抗性评价

技术来源：华中农业大学

荸荠枯萎病防治技术

症状识别与发生规律

荸荠枯萎病从播种至收获皆可发生，以成株期受害最重。荸荠枯萎病植株发病后地上部长势差，明显矮化变黄，发病严重时地上部枯死；根茎部发病呈黑褐色湿腐，植株枯死或倒伏，局部见粉红色黏稠物，球茎发病变黑褐色并腐烂。在苗期及大田前期，常整丛枯黄，到9月病情盛发期，地下茎基很快腐烂，地上部表现为失水青枯。失水的地上茎易拉起，基部软腐，并有微红色霉层。病原主要为 *Fusarium commune* 和 *F.oxysporum*，均属无性孢子类镰刀菌属。

防治技术

（1）抗病品种和无病种球：因地制宜的选用抗性较强的抗病品种进行种植，如沙洋荠、肇庆荠、韶关马坝荠、桂林 −1 等。避免使用带病种球，不要在病田留种。

（2）田间栽培管理：发病特别严重田块可与莲藕、慈姑等轮作3年以上，以减少土壤中菌源数量。合理肥水管理，促进植株生长，收获结束后及时清出田间病残体并集中带出田外销毁。

（3）化学防治：对种球进行药剂消毒，栽种前用 25% 多菌灵可湿性粉剂或 40% 氟硅唑浸种12 小时，晾干后下种。

注意事项

荸荠枯萎病是一种土传病害，在荸荠病害中最难防治。在不同地区因地制宜的种植抗病品种是防治该病的关键，同时每年需要及时对田中病残体进行清除。有条件的地区尽量选择往年未发病的田块种植荸荠。

球茎腐烂症状

茎秆枯萎症状

技术来源：华中农业大学

荸荠茎点霉秆枯病防治技术

症状识别与发生规律

荸荠茎点霉秆枯病在田间通常与秆枯病同时发生，但症状有所差异；在发病初期茎秆上可产生许多较小的红褐色病斑，数周时间内迅速扩大，部分病斑连片或环茎，后期严重时造成茎上部枯死，甚至全株枯死倒伏。病原为 *Phoma bellidis*，属茎点霉属菊科茎点霉。

防治技术

（1）抗病品种和无病种球：荸荠茎点霉秆枯病的防治应与秆枯病同时进行，可选用抗病品种进行种植，如连江大荠、韶关马坝荠、安徽荠、合肥荸荠、广西泥潭荸荠等。

（2）田间栽培管理：收获后清除田间病残体，增施磷钾肥，避免偏施氮肥。

（3）化学防治：病害主要以低毒杀菌剂喷雾防治为主，以农业防治为辅。在发病前或初期喷施206.7克/升恶唑菌酮·氟硅唑乳油2 000倍液，每7～10天喷施1次，连续施药3次。另外，在田间往往有害虫为害造成伤口，加重病害发生，应辅以喷施杀虫剂防治。

红褐色斑点症状

病斑连片或环茎症状

整株枯死症状

恶唑菌酮·氟硅唑乳油防治荸荠茎点霉秆枯病效果（右）与清水对照（左）

注意事项

荸荠茎点霉秆枯病往往在虫害发生严重时大发生，因此，在田间喷雾防治该病的同时应兼顾对田间害虫进行防治，防止害虫对叶状茎的咬食造成伤口。

技术来源：华中农业大学

荸荠病毒病防治技术

症状识别与发生规律

田间荸荠种植区发生普遍，在整个生长期内均可表现出病毒病症状，症状主要表现叶状茎顶端皱缩，并有纵裂；叶状茎凹陷，皱缩，茎秆扭曲。在一定的环境条件下，有时也会潜隐，无明显症状表现。该病原命名为荸荠DNA病毒（Water chestnut DNA virus, WcV），属于花椰菜花叶病毒科（*Caulimoviridae*）大豆褪绿斑驳病毒属（*Soymovirus*）新成员。

凹陷皱缩症状

扭曲症状

防治技术

（1）无病毒品种：筛选获得无病毒种苗材料进行培育和栽植；引进无病毒材料要进行病毒检测。

（2）田间栽培管理：水肥合理，加深水层，除作基肥外，还要在荸荠生长期追肥钾素，提高植株的抗病力。

注意事项

目前发现该病毒存在游离和内源两种形式，

因此注意环境条件的调节，避免不同品种杂交以及机械损伤造成激活内源变为游离病毒侵染为害荸荠植株。

技术来源：华中农业大学

可视化方法检测莲藕和荸荠中的
重金属 Cr^{3+} 是否超标

检测方法

（1）水生蔬菜（莲藕和荸荠）样品预先处理：将采回的新鲜水生蔬菜样品（莲藕和荸荠）用纯净水洗净，晾干后去皮放在洗净的研钵中捣碎成泥，再放入干净的烧杯中用保鲜膜封口后放在冰箱中 $2 \sim 8℃$ 冷藏保存。

（2）修饰纳米金试剂（GSH-AuNPS）的制备：用分析天平称取经处理过的水生蔬菜样品 10 克左右，放入 100 毫升干净烧杯中并加入数粒沸石，再向烧杯中加入 16 毫升高氯酸和 4 毫升浓硝酸，混匀后放在电炉上消化，等溶液变澄清透明、白烟冒尽后搅拌 $3 \sim 5$ 分钟，冷却后转移到 50 毫升容量瓶中用超纯水定容，用封口胶密封放在冰箱中 $2 \sim 8℃$ 冷藏保存，每个样品平行 3 次，同时做试剂空白对照。

（3）可视化检测操作步骤：取 100 微升稀释 1 倍的 GSH-AuNPs 溶液，加入 15 微升 0.02 mol/L 的 NaCl，混合均匀后加入 100 微升超纯水作为空白对照，以相同的方法，取一系列 100 微升稀释 1 倍的 GSH-AuNPs 溶液，加入 10 微升的 0.02 mol/L 的 NaCl，混匀后依次加入 100 微升的样品消解液。混合反应 10～20 分钟后，与空白对照比较颜色的变化，若混合溶液的颜色由红色变成蓝紫色，则样品溶液中含有的 Cr^{3+} 浓度大于等于 0.5 毫克/升，若混合溶液的颜色没有变化，则样品溶液中含有的 Cr^{3+} 浓度小于 0.5 毫克/升或者样品中不含有 Cr^{3+}。

蔬菜中铬的国标限量标准

根据国标 GB 2762—2012 中规定新鲜蔬菜中铬的限量值为 0.5 毫克/升，通过本方法可以出初步判断莲藕样品和荸荠样品中的铬离子是否超出国家规定限量。

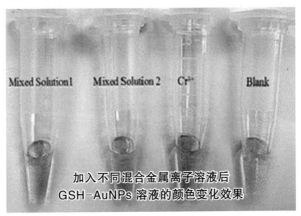

加入不同混合金属离子溶液后
GSH-AuNPs 溶液的颜色变化效果

技术来源：华中农业大学

第四章
保鲜加工技术

藕带（莲藕）保鲜技术

原料和配方

新鲜藕带（莲藕），以当天采收的为住，聚乙烯包装袋（普通塑料袋），0.06～0.08毫米厚，大小规格按照需要裁定，LB（LC）系列保鲜剂，气体吸附剂包，包装纸箱、泡沫箱或者竹编筐，冰袋和碎冰。

工艺流程

清洗→护色→包装→冷藏

操作要点

（1）清洗：用清水清洗干净藕带（莲藕，用修剪刀去除须根），并晾干水分。

（2）护色：将晾干水分的藕带（莲藕）放入LC（此LC保鲜剂中不含国际上禁用的亚硫酸盐类物质，具有理想的保鲜效果，并兼具除出莲藕表面的铁锈）。护色剂液（LC）中浸泡45～60分钟，捞出沥干水液（如果室温低，要适当延长浸泡时间）。

（3）包装：将护色后的藕带（莲藕）装入聚乙烯塑料袋中，并放入一包吸附剂（采用自行研究的配方吸收剂）可有效的防止微生物的生长和抑制莲藕的呼吸。此法是将吸收剂与莲藕分开，对莲藕的不利影响小。抽真空密封。本法可将莲藕在常温下保持15天、低温下保鲜2个月不胀袋，色泽洁白。

（4）贮藏：5℃贮藏。

质量要求

莲藕保持洁白，无明显褐变现象；莲藕新鲜，无绉缩、萎蔫现象；保鲜期60天（低温）；保鲜莲藕商品率≥95%，贮藏损耗≤5%；莲藕风味接近新鲜莲藕；保鲜的莲藕质量符合国家卫生标准和食用标准；保鲜剂安全无毒。

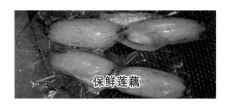

保鲜莲藕

技术来源：华中农业大学

青鲜莲子保鲜技术

原料和配方

青鲜莲子（莲蓬），以当天采收的原料为佳；添加剂均为食用级，使用量、残留量、使用范围符合 GB 2760 食品安全国家标准；选择合适通透性质地外包装膜（使用尼龙膜和聚丙烯膜为佳）和内包装材料（为透气不透水膜），气体吸附包。

工艺流程

原料预冷→清洗分级→消毒→包装→低温贮藏

操作要点

（1）原料：以新鲜莲子为材料，采后及时降温预冷，保持莲子品质。品种主要有满天星和太空莲等。

（2）清洗分级：利用合适浓度食盐水分离出脆嫩莲子，以莲子已发育完成，但莲子芯未变苦为佳。

（3）消毒：采用符合 GB 2760 的消毒剂（符合经表面处理的鲜水果应用要求），处理 2 分钟。

（4）包装：将消毒处理的莲子装袋，通过气调或气体微环境调节剂调节包装袋气体成分，采用自行研究的配方吸收剂，可有效防止微生物生长并抑制莲子的呼吸强度，延缓衰老进程。

（5）低温贮藏：4～6℃低温下保鲜2个月保持青鲜绿色，莲子芯不变苦，莲子清脆口感。

质量要求

青鲜莲子（以莲芯未变苦，保持其原有清甜味为佳），色泽绿色到黄绿色，未发生黄变和褐变为上乘。

保鲜青鲜莲子

技术来源：华中农业大学

泡藕带加工技术

原料和配方

藕带原料以专用品种的为佳，如芦林湖藕、白玉簪、鄂莲8号、武植2号等。添加剂均为食用级，使用量或者残留量、使用范围符合GB 2760食品安全国家标准，主要包括柠檬酸、异抗坏血酸及其钠盐、食盐、白糖、食用白醋、小米辣、氯化钙、山梨酸钾等。包装袋为铝箔袋或透明尼龙复合袋（耐受100℃水煮）或耐水煮玻璃罐头瓶。

工艺流程

新鲜藕带→清洗→切段→气泡清洗→烫漂灭酶→装袋→灌汤汁→真空包装→杀菌→检验→成品→入库

操作要点

（1）原料选择：原料要新鲜，最好选择当天采收的的藕带，或者采用腌制原料，不得使用变色原料。加工前浸泡在水中减少与空气接触，并尽可能降低水温。

（2）清洗：经过挑选的藕带在水池或者流水中用软毛刷或者编织袋清洗去除泥沙污物。清洗过程中尽量降低与金属铁的接触，清洗后的莲藕浸泡在水中减少与空气接触，并尽可能降低水温。

（3）切段：采用机械或人工切段，保持藕段长度整齐一致、并且避免藕丝连接问题。

（4）气泡清洗：利用气泡清洗机清洗藕带段，去除藕带孔中的泥沙，为避免藕段缠绕粘连，采用搅拌方式去除藕丝。

（5）烫漂灭酶：采用热水为媒介，根据物料规格，确定最佳灭酶参数，90℃以上，时间 1～2 分钟，测定指标为过氧化物酶。其中烫漂用水最好达到自来水标准，如果水中铜、铁离子过高，还需对生产用水过滤处理，降低铜、铁离子浓度。

（6）冷却装袋：烫漂后的藕带立即冷却，一般采用自来水两步冷却，第一步喷淋降温，第二步采用浸泡降温，有条件的可以采取冰降温，提高品质；冷后的藕带经过震荡脱水，立即装袋，减少与空气接触。

（7）灌汤汁：根据生产产品归类（QS 26 类）和 GB 2760，配制汤汁组成，汤汁用水符合饮用水标准。灌装间控制卫生，降低污染风险。

（8）真空包装：为保障产品质量，采用真空方式包装，对于软包装采用真空封口包装，对于玻璃瓶、塑料瓶和金属罐包装多采用热排气封口包装。

（9）杀菌：根据汤汁 pH 值高低和包装材料耐受性确定最佳杀菌工艺条件，一般采用热杀菌，如常压热水杀菌、高压蒸汽杀菌、辐射冷杀菌等。

（10）检验入库：产品经过商业无菌检验（37℃培养 7 天，25℃培养 10 天，观察是否涨袋和变质），符合国家相关卫生标准。保质期 6 个月以上。

质量要求

成品保持藕带原有色泽，保持乳白色；产品风味分为原味或酸辣味等；不会出现酸败和软化现象，不会涨包和涨瓶现象。包装材料不出现破损和污染问题。外包装符合国家相应包装标准，如 GB 7718。内容物不含杂质，整齐一致，固形物含量达到标准要求，一般大于 50%。

技术来源：华中农业大学

水煮藕片（藕筒）生产技术

原料和配方

莲藕选择色泽浅、白、质地脆品种，以个头小莲藕为佳（藕片直径 50～70 毫米），如选择鲜食商品性略差子藕和孙藕，以多酚和淀粉含量低品种为佳。添加剂均为食用级，使用量或者残留量、使用范围符合 GB 2760 食品安全国家标准，主要包括柠檬酸、异抗坏血酸及其钠盐、食盐、氯化钙等，包装袋多为尼龙蒸煮袋，可耐受 100℃水煮，不发生皱缩和分层。

工艺流程

新鲜莲藕→清洗→去藕节藕皮→软化和护色处理→切片（修整）→烫漂灭酶→硬化处理→装袋→灌汤汁→真空包装→杀菌→检验→成品→入库

操作要点

（1）原料选择：原料要新鲜，最好选择当天采收的的莲藕，或者采用腌制原料，不得使用藕孔严重变色原料，以脆质藕为佳，按照大小分类，剔除采收过程中机械伤、褐变及病虫害严重的藕段。加工前浸泡在水中减少与空气接触，并尽可能降低水温。

（2）清洗：经过挑选的莲藕在水池或者流水中用软毛刷或者编织袋清洗去除泥沙污物，有条件的可以采用莲藕清洗机提高工作效率和降低人工成本。清洗过程中尽量降低与金属铁的接触，清洗后的莲藕浸泡在水中减少与空气接触，并尽可能降低水温。

（3）去藕节和藕皮：清洗后的莲藕首先用不锈钢刀切去藕节，然后用不锈钢削皮刀削皮，削皮要干净、彻底、平滑，并立即投入洁净的自来水中减少与空气的接触。

（4）软化和护色处理：采用食盐或者热处理，软化组织便于切片。根据工艺需要确定其厚度。

（5）切片（修整）：采用莲藕专用机切片。

（6）烫漂灭酶：采用热水为媒介，根据物料规格，确定最佳灭酶参数，90℃以上，时间3～5分钟，测定指标为过氧化物酶。烫漂用水最好达到自来水标准，如果水中铜离子、铁离子过高，还需对生产用水过滤处理，降低铜离子、铁离子浓度。

（7）硬化处理：为保持莲藕片的脆爽质地，一般采用食用级氯化钙浸泡处理，使用浓度不超过 0.1%，浓度过高引起苦味和影响藕片脆嫩口感。

（8）灌汤汁：根据生产产品归类（QS 26 类）和 GB 2760，配制汤汁组成，汤汁用水符合饮用水标准，有条件的企业建议采用纯净水。灌装间控制卫生，降低污染风险。

（9）真空包装：为保障产品质量，采用真空方式包装，对于软包装采用真空封口包装，对于玻璃瓶、塑料瓶和金属罐包装多采用热排气封口包装。

（10）杀菌：根据汤汁 pH 值高低和包装材料耐受性确定最佳杀菌工艺条件，一般采用热杀菌，如常压热水杀菌、高压蒸汽杀菌、辐射冷杀菌等。

（11）检验入库：产品经过商业无菌检验，符合国家相关卫生标准。保质期 6 月以上。

质量要求

藕片色白，质脆，拥有莲藕的特有香味。符合 GB 2760 标准。

技术来源：华中农业大学

莲子冻干食品加工技术

原料和配方

新鲜莲了（9～10成熟度），烘房，莲子去壳机，真空冷冻干燥机，真空包装机；干燥剂和消毒剂。本技术在加工莲子冻干食品过程中不添加任何添加剂，安全性高；最大限度的保持了莲子特有的营养和色泽，大大延长了莲子的贮藏期，可达12～18个月。产品口感酥软，颜色纯正，外形好，营养丰富，有利于人体消化吸收利用；携带方便、即开即食。

工艺流程

莲子烘干→去壳→预煮→速冷→速冻→真空干燥→包装

技术要点

（1）莲子烘干：新鲜莲子放入50～80℃环境中烘干。

（2）去壳：采用莲子磨皮机去皮，通心机去除莲芯。

（3）预煮：采用沸水处理莲子5～10分钟。

（4）速冷：1～10℃的冷水中快速冷却，沥干水分。

（5）速冻：−35℃下速冻6～8小时。

（6）真空干燥：分3个阶段进行真空干燥，得莲子冻干即食产品。

（7）包装：为保障产品质量，干燥后产品立即包装，注意添加防虫霉剂和干燥剂。

质量要求

干燥产品色泽均一，防止吸潮降低品质，确保包装环境的湿度和包装材料的透湿性，同时注意防虫和防霉措施。

技术来源：湖北省农业科学院

莲子酥脆膨化食品加工技术

原料和配方

以干莲子为材料。品种主要有江西太空莲，湖北"满天星"子莲为佳，个头大，口感粉糯，并且以当季莲子为佳。添加剂包括蔗糖，番茄粉，牛肉粉，麦芽糊精等。尼龙包装袋。真空冷冻干燥机，真空（充气）包装机。

工艺流程

干莲子复水→高温蒸煮糊化→冷却→冷冻干燥→裹调味粉→包装

操作要点

（1）干莲子复水：根据室温确定浸泡时间，夏季3小时，春秋5～8小时，冬季8～12小时，以莲子没有白心为浸泡复水适宜，防止莲子两胚乳分开。去除莲子芯和红皮，去除杂质和不适合加工莲子。

（2）高温蒸煮糊化：在蒸煮过程中加入防淀粉老化剂、膨化剂，使用量符合 GB 2760；莲子蒸煮程度以莲子完全软化，但是保持莲子颗粒完整性，添加6%蔗糖增加甜味。

（3）冷却：将蒸煮后的莲子捞出后，自然降温至室温。切勿降温过快，影响莲子的完整性。

（4）冷冻干燥：将莲子采用冷冻干燥设备冷冻干燥。

（5）裹调味粉：一般根据客户需要，采用荸荠式包衣机，包裹番茄粉、牛肉粉或者麻辣粉等，控制好裹调味料温度是关键。

（6）包装：可以采用充氮气等方式包装产品。常温下保质期12个月。

莲子酥脆膨化食品

质量要求

莲子酥脆口感良好，风味独特，色泽诱人，破碎莲子控制在一定比例下，裹粉附着均一。卫生微生物符合即食食品要求，致病菌不得检出。

技术来源：华中农业大学

荷塘三宝加工技术

原料与配方

新鲜莲藕、莲子、菱角。添加剂均为食用级，主要包括酸味剂、柠檬酸、乙二胺四乙酸二钠、氯化钙等。玻璃罐头瓶或尼龙耐蒸煮包装袋。

工艺流程

原料→去外壳/去内皮→热烫→冷却→装瓶→排气、密封→杀菌→冷却

荷塘三宝

操作要点

（1）预处理：莲藕去皮、切丁，用不锈钢刮子去表皮并切成 1 立方厘米方块；莲子、菱角去外壳可采取机械或手工去皮。

（2）莲子、菱角去内皮：2% 食品用 NaOH 溶液加热至 80～100℃，投入去外壳莲子和菱角处理 15～60 秒 (依个体大小、处理量和老嫩程度、内皮厚薄而不同)，不时搅动，及时捞起，流动水冲洗至手感不滑、无苦味，加 0.2% 柠檬酸，室温下浸泡 5～10 分钟 (依室温高低而不同)，流动水冲洗。

（3）热烫：0.1% 柠檬酸，100℃，热烫 1～3 分钟，视个体大小和烫漂量而异。

（4）冷却：热烫后立即用流动水或冰水冷却至室温。

（5）装瓶：原料装入玻离瓶，并注入保鲜液 (0.025% EDTA−2Na + 0.2% $CaCl_2$，固液比为 1:1，要求用纯净水或反渗透处理水)。

（6）排气、密封：真空封罐机进行排气，密封。

（7）杀菌：100℃，20 分钟 (罐中心温度达 70℃时开始记时，300～400 克包装)。

（8）冷却：分段冷却，80℃→ 60℃→ 40℃。

（9）贮藏：常温贮藏。

质量要求

罐内汁液清亮，无浑浊，内容物白色，无褐变。

技术来源：华中农业大学

荷叶饮料生产技术

原料与配方

干燥荷叶；添加剂均为食用级，主要包括酸味剂、甜味剂、异抗坏血酸及其钠盐、稳定剂、乳化剂等。

工艺流程

干荷叶→粉碎→加水浸提→粗滤→调 pH 值→酶处理→调味→过滤→罐装→灭菌、冷却→装箱、贮藏

操作要点

（1）原料选择：选择当年采收的的荷叶，剔除病虫害严重的荷叶。

（2）粉碎：用粉碎机将晒干的荷叶粉碎，密封保存备用。

（3）浸提：按料液比 1∶100 加入水，在 90℃ 水浴条件下浸提 40 分钟，提取过程中每隔 5 分钟搅动一次。浸提完成后，过滤除渣。

（4）调 pH 值：滤液用维生素 C 和碳酸氢钠

调 pH 值为 5.0。

（5）酶处理：加入酶活力为 10U 的莲子风味酶，在 56℃下水浴酶解反应 1 小时，趁热过滤除渣。

（6）调味：加入维生素 C 酸味剂，蔗糖、蜂蜜甜味剂。

（7）过滤：通过板框式过滤机过滤。

（8）罐装：超高温瞬时灭菌，PET 塑料瓶装罐。

（9）灭菌：采用 90℃/20 分钟灭菌。

（10）冷却：一次性用自来水冷却至 40℃。

（11）装箱、贮藏：于阴凉处贮藏。

质量要求

产品色泽金黄，饮料清亮透明，无浑浊和沉淀，有明显荷叶清香，气味柔和悦人，无异味，荷叶茶味浓郁，酸甜适口，苦涩感较淡。

技术来源：华中农业大学

莲子饮料生产技术

原料和配方

干莲子或新鲜莲子或者冻藏鲜莲子；添加剂均为食用级，使用量或者残留量、使用范围符合 GB 2760 食品安全国家标准，主要包括酸味剂、甜味剂、异抗坏血酸及其钠盐、稳定剂、乳化剂等。

工艺流程

莲子选择→浸泡清洗→去皮去芯分级→组织捣碎→过胶体磨→过滤→调配→灌罐包装→杀菌→检验→成品→入库

操作要点

（1）莲子选择：原料要新鲜，最好选择当季采收的的莲子，剔除病虫害严重的莲子。避免采用陈化莲子和虫蛀莲子。

（2）浸泡清洗：经过挑选的莲藕在水池或者流水中清洗去除泥沙污物。在清洁水中浸泡 3～5 小时，以没有硬心为宜，根据气温调节浸泡时间，避免出现浸泡酸败现象。

（3）去皮去芯分级：浸泡好的莲子及时处理，浸泡水弃去不要，用清洁水彻底清洗浸泡后的莲子，采用碱液去除莲子红皮，并用柠檬酸中和，彻底清洗去除酸碱残液。去除莲子芯和莲子胚孔部分。

（4）组织捣碎：清理干净的莲子加入 10～30 倍纯净水破碎打浆。

（5）过胶体磨：为提高莲子汁得率，破碎浆液过胶体磨进一步破碎。

（6）过滤：过胶体磨浆液再通过板框式过滤机，过滤膜为 200～300 目，过滤压力在 0.1 千帕。

（7）调配：将莲子汁加入甜味剂、酸味剂、抗氧化剂、稳定剂和乳化剂，置入乳化机内高速乳化处理，再过胶体磨和高压均质机（30 000 千帕），得到稳定体系。

（8）灌罐包装：根据客户需要包装规格，定量包装。

（9）杀菌：采用 UHT(高温瞬时杀菌) 和 90℃/20 分钟杀菌，两步杀菌工艺。

（10）检验入库：产品经过商业无菌检验，符合国家相关卫生标准。保质期 8 月以上。

质量要求

无明显分层现象，有莲子香味，乳白色。

莲子饮料

技术来源：华中农业大学

重构型酥脆休闲藕片（条）生产技术

原料和配方

新鲜莲藕，预糊化淀粉，奶粉，食盐，植物油，玉米淀粉，油炸锅等。

工艺流程

原料处理熟化→绞茸→物料混合→成型→油炸→包装

操作要点

（1）原料预处理：新鲜莲藕去皮洗净，切成 1 厘米厚片，以 1% 食盐水浸泡数分钟，沥干明水后上笼蒸约 40 分钟取出，晾凉备用。

（2）绞茸：取熟化的藕片入搅拌机绞成茸。

（3）拌料：取 700 克藕茸放入盆中，加入玉米淀粉 130～200 克、预糊化淀粉 60 克、奶粉 30 克、食盐 8～10 克，搅拌均匀。

（4）成型、油炸：将拌匀的藕茸压片并切成圆片状或挤压成条状，130℃ 油炸 4 分钟，炸至色泽金黄，捞出。

（5）脱油、包装：离心脱油，以尼龙复合袋或铝箔袋充氮包装，常温贮藏。

质量要求

藕条具有莲藕的特有香味，色泽金黄，质感酥脆。

技术来源：华中农业大学

莲藕膳食纤维改性和制备技术

原料和配方

藕节、藕片和藕渣下脚料，食用酒精，双螺杆膨化机，超声波清洗机，烘干机。

工艺流程

原料烘干→粉碎→挤压膨化→提取

操作要点

（1）藕节干燥：将新鲜藕节清洗晒干至含水量小于或等于7%，打碎，过筛，然后调节藕节水分含量12%～16%。

（2）挤压膨化：采用双螺杆挤压膨化机进行挤压处理，挤压温度120～155℃，螺杆转速105～165转/分钟。

（3）超声辅助碱酶法提取可溶性膳食纤维：①将挤压膨化产物粉碎，过筛，得藕节粉，按藕节粉与水的重量比为1∶10～1∶25，将藕节粉溶于水中，同时加入占藕节粉重量3%～5%的α-淀粉酶，温度控制在58～62℃、pH值5.5～7.5

条件下水解 1～2 小时；② 将水解后的液体调节 pH 值 7～11，放在超声清洗器里，调节超声温度 50～80℃，调节超声功率 72～120 瓦，提取 40～50 分钟；③ 将步骤② 中的提取液调节 pH 值 3.5～4.5，在 4 000 转 / 分钟条件下离心 18～20 分钟，弃滤渣，取上清液，调节 pH 值 6.0～8.0，加入 4 倍体积的 95%（V/V）乙醇沉淀，离心过滤，烘干得莲藕可溶性膳食纤维产品。

质量要求

浅褐色粉末状，具有良好的水溶性，持水性、持油性等指标优于同类产品。

技术来源：华中农业大学

卤藕生产技术

原料和配方

原料新鲜莲藕、鸡肉鸭肉、猪骨等。

香料粉配方：香叶、红栀子、丁香、白芷、千里香、甘草、小茴香、良姜、山奈、白蔻、草果、香砂、白胡椒。将所有香辛料按照参考配方准确称量好后，用中药材粉碎机将其打磨成粉备用。

复合料配方：白糖、食盐、味精、鸡精。按照此比例准确称量，使用之前需要混合均匀，或用搅拌机搅拌成粉末。

包装：铝箔包装袋。

工艺流程

制作高汤→糖色的炒制→制作卤汤→卤藕→包装→杀菌

操作要点

（1）制作高汤：取清水 6～7 千克于不锈钢的桶中，开大火将其烧开，加入清洗好了的三黄鸡 1 只、半片鸭、猪筒骨 1 根（总共 2～2.5 千克），用猛火煮制这 3 种肉，在煮制期间需要不停的打捞血沫，并加入生姜 40 克、料酒 40 克左右，目的是去除鸭肉的腥味。煮制 3～4 小时，期间需要不断地补水。熬好后，捞出汤内的肉渣，并用 80 目不锈钢滤网过滤，最终得到高汤，将得到的高汤称重即可。

（2）糖色的炒制：称取一定质量的白糖，加入约为白糖质量 6.5% 的食用油，设置电磁炉温度为 180℃，开始不断搅拌，当糖的颜色渐渐变为棕红色时，将电磁炉的温度改为小火（约 130℃）继续炒制糖色冒烟且颜色加深，迅速加入与白糖相同质量的开水，不停搅拌即可得糖色。

（3）制作卤汤：将称好的高汤重新加热，高汤按照 100% 来计算，需要加入的复合料为 10%、香料粉为 1%、生姜为 2.1%、花椒 1.4%、辣椒 2.1%、白酒 2%、糖色 5.7%。

（4）卤藕：将新鲜的莲藕在流水中用软毛刷清洗表面的泥沙等污物，再用不锈钢削皮刀削皮，削皮要干净、彻底、平滑，并立即投入洁净的自来水中减少与空气的接触。将卤汤取出约 2 千克，加入开水 1 千克，称取莲藕（约 2 千克），按照开水和莲藕 100% 计算，加入复合料 10%、香料粉 1%、生姜 1%、花椒 1.4%、辣椒 1.8%、白酒 2%。

将卤藕放入到卤汤后，用大火将卤汤烧开，关火浸泡莲藕约 3 小时，由于此时莲藕内外颜色不均匀，需取出切片，再投入到卤水中烧开，关火浸泡 0.5 ～ 1 小时即可。

（5）包装、杀菌：将卤藕捞出后放入到真空包装袋中进行真空包装，真空包装参数为真空时间调至 3 档，热封温度为中温，热封时间调至 2.5 档。包装好后，将卤藕放入到沸水中进行热杀菌 15 ～ 30 分钟，取出后常温冷却。

质量要求

卤藕产品具有卤菜特有香味和莲藕风味，色泽浅褐色，口感脆爽，辣味绵长，鲜甜咸味柔和。传承了传统卤菜产品的特色。并且经过包装后的产品常温下保质期达到 6 月以上。

技术来源：华中农业大学

马蹄汁饮料加工技术

原料和配方

马蹄，白砂糖，柠檬酸，黄原胶，玉米淀粉，易拉罐。

工艺流程

原料验收→洗涤→去皮→清洗→马蹄汁制备→汁液调配→加热→装罐→密封→杀菌→冷却→包装→成品

操作要点

（1）原料验收：选用大小均匀、无病虫害、机械伤、霉烂、萎缩畸形的新鲜马蹄。

（2）洗涤：先将马蹄倒入清水中浸泡30分钟左右，再以擦洗机洗去泥沙，并漂洗干净。

（3）去皮：用不锈钢小刀先削除马蹄两端，以削净芽眼和根为准，再削去周边外皮，要求切削面平整光滑，去皮的马蹄暂浸于清水中，然后用流动水清洗干净。

（4）马蹄汁制备：将去皮马蹄和清水按1：10

的比例煮沸并保持沸腾 100 分钟，控制最后出汁量为 1∶10。煮提汁液先用 80 目尼龙布过滤，再经板框过滤机 (内垫 100 目尼龙布或帆布) 压滤后送至带保温夹层的调配罐中备用。

（5）调配：在盛有煮提汁液的调配罐中，按比例分别加入白砂糖、柠檬酸、黄原胶、玉米淀粉直接加热到微沸使之溶解。控制汁液的糖度为 6% ～ 8%，酸度为 0.014% ～ 0.015%。

（6）加热：将调配好的马蹄汁经片式热交换器加热到 90℃以上，立即送去灌装。

（7）装罐：采用 5133 型素铁罐，空罐清洗干净并经 90℃以上的热水消毒，倒置滴干水备用。每罐装入马蹄粒 25 克，再加满调配好的汁液，封口前罐内汁液的中心温度必须保持在 75℃以上。

（8）密封：采用铝质易拉罐。检查封口质量合格后，立即杀菌。

（9）杀菌、冷却杀菌公式：10 分钟—25 分钟—10 分钟 /116℃。反压冷却至 40℃左右。

（10）包装：抹罐、涂防锈油、包装。

质量要求

（1）感官指标：色泽——汁体为白色；滋味及气味——具有马蹄应有滋味和气味，无异味，清甜可口，颗粒爽脆；组织与形态——汁液略有混浊，静置后马蹄粒允许下沉。

（2）理化指标：净重 250 克 (240 毫升)，每罐允许公差 ±3%，但每批产品平均不低于净重，可溶性固形物在 8% ～ 10%(以折光计测量)。

（3）微生物指标：符合饮料商业无菌要求。

技术来源：湖北省农业科学院

马蹄爽加工技术

原料和配方

马蹄，白砂糖，柠檬酸，易拉罐。

工艺流程

原料验收→洗涤→去皮→清洗→马蹄汁制备（及马蹄粒制备）→汁液调配→离心过滤→加热→装罐→密封→杀菌→冷却→包装→成品

操作要点

（1）原料验收：选用大小均匀，无病虫害、机械伤、霉烂、萎缩畸形的新鲜马蹄。

（2）洗涤：先将马蹄倒入清水中浸泡30分钟左右，再以擦洗机洗去泥沙，并漂洗干净。

（3）去皮：用不锈钢小刀先削除马蹄两端，以削净芽眼和根为准，再削去周边外皮，要求切削面平整光滑，去皮的马蹄暂浸于清水中，然后用流动水清洗干净。

（4）马蹄汁制备：将去皮马蹄和清水按1∶10的比例煮沸并保持沸腾100分钟，控制最后出汁量为 1 : 10。煮提汁液先用 80 目尼龙布过滤，再经板框过滤机 (内垫 100 目尼龙布或帆布) 压滤后送至带保温夹层的调配罐中备用。

（5）马蹄粒制备：将去皮马蹄置于浓度为 0.3% 柠檬酸水溶液中煮沸 8 ～ 10 分钟，预煮水没过马蹄为宜。预煮后的马蹄迅速流动清水漂洗，直至洗净酸味，然后将其切成尺寸约为 0.5 厘米 × 0.5 厘米的无规则小粒状，并筛去过细的碎马蹄肉，以保证马蹄粒大小较均匀。

（6）调配：在盛有煮提汁液的调配罐中，按比例分别加入白砂糖和柠檬酸，直接加热到微沸使之溶解。控制汁液的糖度为 10% ～ 11%，酸度为 0.014% ～ 0.015%。

（7）离心过滤：经检测合格的马蹄汁液，用内垫 120 目尼龙布的离心机过滤。

（8）加热：将调配好的马蹄汁经片式热交换器加热到 90℃ 上，立即送去灌装。

（9）装罐：采用 5133 型素铁罐，空罐清洗干净并经 90℃ 以上的热水消毒，倒置滴干水备用。每罐装入马蹄粒 25 克，再加满调配好的汁液，封口前罐内汁液的中心温度必须保持在 75℃ 以上。

（10）密封：采用铝质易拉罐。检查封口质量合格后，立即杀菌。

（11）杀菌、冷却杀菌公式：10 分钟—25 分钟—10 分钟 /116℃，反压冷却至 40℃左右。

（12）包装：抹罐、涂防锈油、包装。

质量要求

（1）感官指标：色泽——汁体为淡黄色，马蹄粒为白色或黄白色；滋味及气味—具有马蹄应有滋味和气味，无异味，清甜可口，颗粒爽脆；组织与形态——汁液略有混浊，静置后马蹄粒允许下沉。

（2）理化指标：净重 225 毫升，每罐允许公差 ±1%，但每批产品平均不低于净重，每罐装入马蹄粒的量不低于净重的 10%，可溶性固形物在 8%～10%(以折光计测量)。

（3）微生物指标：符合食品商业无菌要求。

注意事项

本技术适合在有马蹄大面积种植的产地进行生产。

技术来源：湖北省农业科学院

莼菜罐头加工技术

原料和配方

新鲜莼菜，马口铁瓶盖或塑料瓶。

工艺流程

原料检查→清洗→杀青→冷却→精细挑选→预热→装瓶→排气→封口→杀菌→冷却

操作要点

（1）原料检查和清洗：莼菜原料称重后，倒入池中，放水漂洗，剔除杂物，洗净后捞出。

（2）杀青冷却：将洗过的莼菜装入细孔竹筐中，放入 90～98℃的热水中漂烫。热水与原料的比例约为 20：1，用长竹筷在水中缓慢搅动，烫 15～30 秒，待全部转成碧绿色时应立即提起，滤去热水，移放到流动的冷水中，约经 10 分钟，使内外冷透，沥去多余水分，称重后倒入缸中。每杀青 3～4 批后，要补充恢复热水量，捞去杂物。待水质呈现有些混浊时，立即更换清水。杀青冷却均应在采收的当日或当夜完成。

（3）挑选：将泡在冷水里的莼菜装入小竹篮中，剔除嫩梢卷叶胶质中混有泥沙的不合格产品和不符合规定等级的产品，以保证等级一致。

（4）预热、装瓶：将挑选后的莼菜，装入一定容量的铝盒中，加入蒸馏水，水菜比例为1:1，在70～80℃的水浴中加温10分钟，轻轻搅动几次，使其中心温度达到55～60℃，随即迅速冷却，加蒸馏水漂洗，沥干，然后装瓶。多采用绿色长颈玻璃瓶装，分250克小瓶和500克大瓶两种。小瓶内装净菜135～145克，大瓶装菜量加倍。随后，将加热到70℃左右的蒸馏水将瓶灌满。

（5）排气封口：将瓶菜移到90℃的水浴中，经7分钟，到瓶中心达到70℃为止，以排除瓶内剩余空气。立即用马口铁瓶盖或塑料瓶盖衬垫密封。

（6）杀菌冷却：将封口的瓶菜移入沸水中杀菌，杀菌后立即移至通风处冷却，冷却至室温，然后在常温下装箱，成品可贮藏或远销各地，一般可保持半年到1年，不致变色或变质。

质量要求

感官指标、理化指标及卫生指标均符合国家

食品质量要求。

技术来源：湖北省农业科学院

鲜莲子机械化去皮技术及设备

技术目标

去皮是鲜莲加工关键环节。本技术通过机械加工原理，将莲子由传送带滚动传输送至定距装置、锯壳装置、脱壳装置，快速将莲子逐个剥壳，并且分壳、去皮，加工效率较传统人工去皮可提高 40～50 倍，莲子加工速率大于 50 千克/小时，破损率小于 1%。

设备与原料

鲜莲脱壳去皮一体机。加工原料为青熟新鲜莲子，老莲子、瘪子不在此加工范围内。

操作要点

（1）进料：开通电源，将青熟新鲜莲子倒入进料口。

（2）脱壳：采用定距装置使莲子逐粒通过锯壳装置，调节锯壳刀口上、下调节螺母，以能完整切割分离莲壳、不损伤莲肉、无刀痕为宜。锯壳后，鲜莲壳肉分离，莲壳掉入地面装料筛，莲肉通过凹槽传运带传送至脱壳装置。

（3）去皮：水位调节，拧松脱壳装置螺母，向前或向后调节水枪丝杆，高压水柱能完全打到等速轮凹槽的莲子末端。莲肉经脱壳装置机械去皮，进入预先放置好的装料塑料桶内。

（4）分检：检除未能完全去皮莲子，进行二次加工。加工后莲子即时包装销售（鲜莲）或烘焙干通芯白莲。

莲子剥壳去皮机

加工后的莲子

技术来源：江西省广昌县东盛机械厂